繼承者們

台塑接班十年祕辛

THE

WANG FAMILY

姚惠珍——著

目錄

序言——我所認識的台塑繼承者們

「像你們這樣的富豪，心裡最想做的事情是什麼？」這個問題，我問過王文淵。

二〇一三年七月二十六日，法務部為感謝台塑集團多年來捐助六千多萬元響應「彩虹計畫」，讓矯正機關中的愛滋病收容人及毒癮收容人得以接受技能訓練，讓特殊收容人能重返職場、降低再犯率，特別由法務部長曾勇夫表揚台塑集團，王文淵代表受贈。

當天下午兩點多，在雲林監獄返回嘉義高鐵站的高速公路上，連我在內不到九個人的保母車裡，聽著擁有數百億身價的王文淵，說著此刻他人生最想做的事情：「我希望有兩到三天的時間，什麼都不要想，就是好好休息。住在山上或是哪裡都可以，什麼都不要想，如果可以釣釣魚的話，更好。」再多的財富，對王文淵來說，仍尋不得片刻的喘息空間。

「總裁釣魚呀？現在台北還釣嗎？」一同行記者問道。

「以前在美國有釣，回台灣就沒有再釣魚，也沒什麼朋友在釣魚。」

「總裁會打麻將消遣嗎？」

「大學時候會打，畢業後就沒打過。」

「為什麼？」

「大學打是消遣好玩，工作了，就不好再打了。」

散漫地閒聊著，在這一小時的車程中，保母車像是飛行器般，帶領我們穿梭時空，回到了四十多年前，見到學生時期的王文淵。在美國念研究所的王文淵，假日會去釣魚，到傍晚三、四點就回家，把釣來的魚料理給同學吃，晚上就一夥人窩在一起打牌。這時的王文淵開著一輛車底破了小洞的二手車，身上沒有太多錢，弟弟王文潮來美國也只是請他吃一頓肯德基。就像一般的年輕人，腦中也沒有太多煩惱。

畢業後，王文淵遵照伯父王永慶、父親王永在的指示、安排，在美國匹茲堡、波多黎各及紐澤西州等地的台塑美國歷練，開啟了接班培訓之路。於公於私，王永慶都是大家長，凡事總都是王永慶說了算。

當台塑美國總部仍設在雙子星大樓時，王永慶在中央公園、鄰近市長官邸附近相中了一間酒店式管理的豪華公寓，要王文淵買來住；一來上班方便、二來環境也安全。雖然王文淵認為一個月八百美元的管理費用太昂貴、有些卻步，但最後還是買了，「因為不買會被罵」，出錢的還是王永慶。

很難想像，身為台塑王家二代，王文淵還會在意每個月八百美元的管理費？對王文淵而言，關鍵不在金額高低，而在於合不合理；花一塊錢能解決的事，不該花兩塊錢。某晚報曾推出回收寶特瓶換晚報的活動，王文淵還真的回收寶特瓶去換晚報，儘管省下的只是區區十五元。就如同他的座車原本是ＢＭＷ，後來他發現 Lexus 更省油，保養費也沒有ＢＭＷ那麼昂貴，因此幾年前就把車換成了 Lexus。賣油的石化大亨，為了省油把座車從ＢＭＷ換成 Lexus，聽起來很違和，但這就是王文淵。

王永慶的教養之道

台塑集團若是一個王朝，王永慶就是一國之君。王永在以兄為尊，王家二代成員的教養，全由王永慶作主。所有教育、生活費皆從王永慶與王永在的共同帳戶支出，但核決者是王永慶。

王永慶對姪子們的要求，也比照自己的子女般嚴格，疼惜也是一視同仁，王永在的子女們對伯父更是絕對服從。在王永慶眼中，姪子們、子女們，都是王家的子孫，沒有差別。

王永慶對王家二代要求有多嚴格？

當年王永慶還以游泳健身時，不管春夏秋冬一定都在住家的室外游泳池晨游，而且還要挖起同住的三房女兒們——王瑞華、王瑞瑜、王瑞慧等一起游泳。冬日的清晨，池水冰凍刺骨，女兒們總不願下水，王永慶就一個個把她們丟進水中「特訓」。

而王永慶二房子女王貴雲、王文洋以及王永在大房兒子王文淵、王文潮等人，小學畢業就被送到英國當小留學生。平常念寄宿學校，休假日就回到倫敦西北十一區購買的兩層樓房，同住一屋簷下。沒有幫傭或阿姨料理三餐，打掃清潔全由二代成員輪班包辦。王家二代二十多年沒有回台，只因為王永慶要他們「獨立」；王永慶與王永在到英國探望他們的次數屈指可數。

儘管早已富可敵國，但王永慶從不給王家二代子孫過多的零用金。不管是到英國留學的王貴雲、王文洋、王文淵與王文潮等人，還是到美國念書的三房女兒王瑞華、王瑞瑜等人，王永慶給的生活費總是剛剛好；要額外花費的，得自己寫信跟王永慶要。

王永慶三房女兒王瑞瑜曾說，在美國唸書時，每週都要寫一封家書給父親，內容不可以流水帳似地報告生活點滴，必須言之有物；父親在忙完工務、夜深人靜時會親筆回覆每一封信，「這就是父親對我們的愛。」王永慶辭世後，王永慶三房女兒們曾有意將王永慶的家書出版，把父親數十年來的做人處世智慧永世留傳；最後據說因無法取得王文洋的同意而作罷。據傳王文洋反對的理由是，父親王永慶遺留下來的任何事物包括書信，都是所有子女共同繼承的遺產，要如何處置，不是任何一方可以片面決定。多年來，王文洋與三房家族成員間的嫌隙，隨著多起跨國官司的纏訟，早已深深烙印於彼此心中。對王瑞華而言，更是如此。

曾經，王瑞華努力想讓「哥哥」王文洋與爸爸重修舊好，王文洋清楚王瑞華的用心，也對這個妹妹豎起大拇指肯定，直誇「瑞華很棒」。台塑最高顧問李志村甚至藉由兒子結婚宴客的機會，將王永慶二房與三房成員安排在附近，希望化解兩房成員的心結。當晚，王瑞華就拉著王文洋的手腕，邀他去跟王永慶敬酒。

有一段時間，王文洋會跟著其他二房姐弟在週末回到台塑大樓十三樓探望父親，而三房成員也會刻意在當天迴避，將時間留給二房兄姐們。親友撮合，就盼能讓王永慶與王文洋斷了多年的父子情感回溫。最終，仍是事與願違。不希望父親晚年徒留遺憾，王瑞華曾努力讓父親與二房哥哥王文洋的父子情破冰；或許正因為如此，王瑞華對於父親辭世後，王文洋接二連三的訴訟，讓家事成了台灣人茶餘飯後的八卦更難以接受。情緒向來不外顯的王瑞華，甚至在接受媒體專訪時，氣憤難耐地說：「我就是無法讓他得逞……。」

冷與熱——王瑞華、王瑞瑜

如果王瑞瑜是奔放的紅玫瑰，那王瑞華就是冷若冰霜的白玫瑰。就連王家親友談起她，也總只有一句「她從小就話不多」。對內，王瑞華如同董座王永慶的分身，她所說的話、所做的事，就代表王永慶的旨意，王家親友見到王瑞華也讓她三分。對外，王瑞華仍不易親近，見到媒體頂多就是點頭致意，不會停下腳步、也不會多說一句——唯一的例外，是二〇一二年十一月十日台塑集團運動會後，於長庚球場舉辦的集團主管聯誼晚會。

當時台塑、中信金、旺旺等三財團攜手入主壹傳媒的傳聞曝光，但總裁王文淵接受記者詢問時，僅回覆「有某種程度意願，但還未決定，下週三行政中心會議才會拍板」，不願證實。後來王家二代分開逐桌敬酒，王瑞華敬酒敬到媒體桌，我冒出一句：「副總裁，以後台塑集團與壹傳媒就是自家人了？」當下王瑞華直覺反應說：「對！」發現自己間接證實了傳聞，她不禁笑了出來。我主跑台塑新聞十年，這是唯一一次，從王瑞華口中得到「意外驚喜」。當晚的另一個驚奇是，原來王瑞華的酒量之深跟情感一樣內斂，深不可測。

王瑞華喜怒不形於色，但她內心柔軟。一名嘉義獨居老人陳三寶接受「勤勞基金會」的捐助，改善住家環境，特別北上到記者會現場謝謝王瑞華。患有白內障的陳三寶因手術失敗導致視力模糊，看不到站在一旁的王瑞華，在志工的協助下，才將臉對著王瑞華吃力地說：「金多謝！幫我修理厝，讓我很方便，下雨天也不用擔心……」王瑞華當下僅微笑說：「現在應該比較方便了吧！」記者會結束後，王瑞華隨即私下指示主管安排陳三寶到嘉義長庚醫院接受治療，之後還不時關心後續病況。

相較於姐姐王瑞華的「冷」，妹妹王瑞瑜的真性情，就像太陽一樣溫暖。雖然貴為千金，但她總喜歡跟熟識的主管們定期聚餐，多年下來大家情感深厚。開心時大家同歡，難過時彼此取暖。在王瑞瑜失婚最低潮的時期，是這些好友們的肩膀，讓王瑞瑜依偎，支撐著王瑞瑜度過難關。私下閒聊時，內部主管們總以「總裁」、「副總裁」稱呼王文淵與王瑞華；但提及王瑞瑜時，總是親近的稱「瑞瑜」，顯見彼此之間相處沒有距離。

處事八面玲瓏、為人風趣幽默，王瑞瑜是二代成員中與外界有較多接觸者，而她也善用這些人脈、資源，推動台塑集團朝多角化轉型，盼能拓展台塑集團的事業布局。例如，王瑞瑜時常向台大EMBA學長、潤泰集團總裁尹衍樑請益，了解尹衍樑在生技業及房地產業的成功之道；而台塑集團也在二〇一四年決定啟動台塑集團總部逾六千坪的都更案，台塑生醫也成功跨入新藥研發市場，與聯亞生技合作專注單株抗體藥品開發。就連轟動一時的壹傳媒交易案，台塑集團之所以與中信金攜手合作，也是王瑞瑜居中牽線的結果；在此交易案之前，王文淵與辜仲諒素未謀面，亦無私交。

儘管私下對集團多角化布局貢獻良多，但王瑞瑜緊守妹妹的分際，在公開場合總將焦點留給堂兄王文淵、王文潮及姐姐王瑞華，樂於扮演綠葉。私下更不時邀約王文淵、王文潮出席媒體餐敘，希望能建立台塑集團與媒體間的信任。堂兄妹間的情感，比親手足更親近。

然而，不願出風頭的王瑞瑜，若遇到有人詆毀母親李寶珠，則會奮不顧身地戴著鋼盔上戰場。儘管與她對戰的是二房哥哥王文洋，也儘管她清楚一旦交戰便難以全身而退，也在所不惜。二〇〇九年六月二十三日，當時任職於《蘋果日報》的我專訪王文洋，一小時的專訪錄音帶整理出一萬字的逐字稿；隔日，《蘋果日報》A4版刊出王文洋的整版專訪，標題是「王文洋：父親死因，我要查清楚」，引起外界軒然大波。二十四日傍晚，我接獲王瑞瑜電話，盼《蘋果日報》能以「同版同篇幅」讓她說明清楚。迄今，我還能記得王瑞瑜激動地在電話裡說：「我今天不出來說清楚，全台灣的人都會以為我們默認他（王文洋）的指控。」

六月二十五日傍晚，我專訪王瑞瑜一小時。隔日，A4一整版「王瑞瑜氣憤反擊：王文洋太超過」的報導，讓王瑞瑜為母發聲。在那一小時的專訪中，王瑞瑜清楚地說明父親驟逝美國的過程，也對王文洋私下從未提及對父親死因的疑惑，如今卻對媒體影射大表不滿。當話題一提到母親李寶珠時，王瑞瑜不禁哽咽，她質問王文洋：「你覺得心安嗎？你對你阿姨（王文洋對李寶珠的稱呼）說得過去嗎？」

激動之處，王瑞瑜雙手合十地說：「我今天出面，第一是要否認死因問題，第二是希望王文洋沒有證據和實際的判決，請你不要傷害無辜的人，尤其不要傷害我母親。」專訪不久後，一名台塑集團主管對我說：「你那篇瑞瑜的專訪我看了，我只告訴你，她是最溫柔也是最勇敢的瑞瑜。」

豪爽熱心王文潮

王瑞瑜可以為了捍衛母親李寶珠的聲譽，親上火線；王文潮同樣也曾為了維護父親王永在，不願年邁的父親被捲入王永慶家族的遺產訴訟中，罕見地在媒體前痛斥堂兄王文洋「不尊重長輩」。即使父親王永在因阿茲海默症失去意識、無法與人互動，王文潮每每在父親最愛的長庚球場打完球後，就到長庚醫院探望父親，跟醫生詢問父親的情況。一名長庚體系人員透露：「王委員（王文潮）幾乎是週週探望，就這樣靜靜地看著他沉睡中的爸爸。」一位親近王文潮的人士透露，外界總把董座王永慶視為經營之神，但在王文潮眼中，父親王永在才是他的偶像。

總是笑臉迎人，王文潮性情豪爽、不拘小節，結識的朋友橫跨各行各業；朋友的請託，哪怕小至到長庚看病推薦醫生，大到洽詢合作機會，只要幫得上忙，王文潮都願意協助。甚至為了力挺自己的健身教練出來創業，王文潮換上背心短褲與四名年輕健身教練一字排開，表演單手舉十六公斤壺鈴以及高強度間歇訓練等。大老闆當健身房代言人，只為了幫創業的健身教練打開知名度。

出門總有隨扈相陪的王文潮，永遠選擇坐在前座的駕駛座旁位置。多數企業大老闆坐後座主要是基於安全考量，但王文潮認為，坐前座是禮貌；即使有人幫他拉開後車門，他也會婉謝對方好意，自己拉開前車門上車，不願改變多年來的習慣。

或許深受父親王永在尊重兄長的身教影響，王文潮相當尊重王文淵。若兩人意見相左，王文潮大多以兄長意見為主，少數特殊情況才會堅持己見。二〇一一年台塑化接連發生工安事故，七月三十日清晨再度發生大火，三小時後撲滅。當天上午八點，最高行政中心召開緊急會議，王文潮進入會議室內立即表明將引咎辭職，並拒絕總裁王文淵及其他行政中心委員的慰留。上午十一點多，當我致電王文潮求證此獨家消息時，王文潮強調：「不辭，說不過去。我要對社會有交代，我要對我自己有交代。」對媒體證實請辭消息，顯見當時王文潮辭意甚堅。

一名親近王家人透露，當天下午王文淵對於王文潮的請辭十分苦惱，認為「自己人不做，這種事連董座都沒遇過」，但王文潮堅辭台塑化董座，就是要告訴大家，即使是王家二代，做不好一樣要走人。「這是為了建立制度，而制度是董座生前最在乎的事，總裁也清楚文潮的用意。最後，他只能接受弟弟的請辭。」

勤勞樸實、誠信第一的王文淵

王永在曾說過，人會老、會死，但公司能永續經營；而王永慶更認為，制度建立與否，是能否永續經營的關鍵，「因為制度好，人才自然就會來。」在台塑集團歷練數十年的四名王家二代成員，比任何人都更清楚，制度是追求合理化管理的工具，而「追根究柢」的管理哲學及「勤勞樸實」的企業文化，是台塑集團的兩大根基，是支撐台塑集團六十多年來度過無數景氣循環的基石。

毫無疑問，四名王家繼承者都將「勤勞樸實」的價值觀，內化為行為準則，其中又以王文淵實踐的最為徹底。掌管數兆資產的台塑集團，王文淵跟父親王永在一樣，每月花費不到兩萬元，最大的一筆花費往往是八千元的按摩費。這一對母女檔師傅一開始幫父親王永在按摩，後經父親力薦，也固定為王文淵按摩紓壓。每晚十二點就寢、早上四點半起床，王文淵公務繁忙之餘，喜歡宅在家看書寫文章，不愛應酬，也常常忘了帶錢包出門，曾經請重要客戶到西華飯店吃飯，到最後才發現忘了帶錢包，找來台化主管到場簽帳買單。

過去王文淵常到住家附近一間理髮店理髮，後來被高齡七十多歲的店主認出他是台塑集團總裁王文淵。剛開始，王文淵否認；後來又去光顧了幾次，店主拿出報紙跟王文淵「求證」，王文淵只好承認。結果理髮的價格竟然變成五百五十元，高於牌價上的行情。此後，王文淵不再踏入那間理髮店。

因為，誠信對王文淵而言很重要。

某次，酒過三巡後，有位記者以茶混裝成威士忌被王文淵抓包；之後王文淵每次與該記者敬酒，總是倒掉記者杯中原有的酒，由他重新斟酒。王文淵邊倒酒還邊對記者說：「被你騙一次是你丟臉，被你騙兩次就是我丟臉。」

二〇一一年六輕工安事故不斷發生後，台塑集團強化各種業務的ＳＯＰ（標準作業流程）管理。甚至為了要確定台塑大樓內廁所的清潔時間是否按照ＳＯＰ進行，還特別請主管到其他樓層「上廁所」，就是為了去檢查清潔表上面的簽名，是每次清潔完才簽名，還是一次簽完造假。別人眼中的小事，是王文淵檢驗有沒有落實ＳＯＰ的關鍵。

有人質疑王文淵的「細節管理」風格，導致台塑集團出現重大工安問題。對此，王文淵則舉例當年美國總統尼克森訪華時，中國總理周恩來不但親自挑選接待人員，甚至要求第二天道路必須清除大雪，才方便尼克森參訪萬里長城。他說：「偉大源於細節的累積。」

王文淵於2008年1月4日六輕暮年會的會前記者會

王文淵說：「總理應該不用管到馬路有沒有清掃大雪這種事情吧？周恩來是總理，他都注意細節管理；我只是總裁，而且是石化集團總裁，石化業最重要就是工安，工安是一連串細節管理，工安出問題是我們做得不夠好，不代表細節管理不好。」

集團內部流傳很多王文淵各種「細節管理」的事蹟，一名在王文淵身邊工作多年的主管開玩笑地說：「可以當王文淵的股東，但不要當他的員工。」他舉例說，很多老闆吃飯喝酒玩女人通通都是報公帳，不少富豪還用公款買飛機，「但他都不會。你看他明明是石油大亨，還會為了省油錢換車，就知道他不愛奢華享受。」

一名主管私下透露，當王文淵跟王文洋兩人分別為台化與南亞協理時，難免被拿來比較。王文淵認真、王文洋聰明，王文淵脾氣暴躁、王文洋好相處；「但王文淵有一點很好，就是生活自律、沒有緋聞，而夜生活複雜就是王文洋的致命傷。」曾經，總座王永在宴請日本商社後，商社要求想去林森北路「續攤」，王永在因年事已高，便交待王文淵代為招呼日本商社，「結果，他（王文淵）把客人帶到酒店後，坐沒多久就找機會脫身。」

同樣貴為王家二代，王文洋有那麼多應酬場合，王文淵應該不會沒有？王文淵斬釘截鐵地說：「沒有。我想因為我比較難親近，個性的關係。」含著金湯匙出生，光是「王家二代」的招牌就吸引不少人在身邊，有人是真心當朋友，有人則是盤算著利益；更多的

王文淵於2007年11月10日的台塑運動會上首次鳴槍。過往都由王永慶在司令台上鳴槍，因此也象徵傳承之意。

人，只是莫名地簇擁著、攀附著。

在南亞採購部時，曾有廠商到處跟採購部同仁誇耀說「我跟王文淵很熟」。有一次，王文淵走到一會議室，恰好遇到那名廠商又跟同仁吹噓自己跟王文淵很熟，「我就站在他後面，他回頭看了一下我，也沒跟我打招呼。那時候，我本來想跟他說，我跟王文淵也很熟。」類似的情況王文淵遇過很多次，還曾在中國遇到有人自稱「跟三娘女婿很熟」，但當時僅王瑞紀已婚，而對方說出的名字根本不是王文淵認識的人，讓王文淵啼笑皆非。

看著這樣的虛虛實實、真真假假不斷上演，王文淵保持距離、明哲保身，冷眼旁觀看著這些簇擁的人群，也養成了不易親近的個性。熟識王文淵的人說，私下的王文淵是樸直真誠的，「他就是外冷內熱，有時候過於直率，有時候很逗趣。」

在某次媒體餐敘上，微醺的王文淵拿到一位《蘋果日報》記者的名片，馬上拿著筆在餐巾紙上畫了一顆蘋果，然後對該名記者說：「你蓬果（蘋果的閩南語發音）的齁？」又在蘋果旁邊畫上了一條蟲，接著跟記者說：「你不要亂報喔！不然就會變成這樣，長了蟲的蘋果。」另一次聚會上，王文淵則為了躲避媒體輪番敬酒，當場表演「雙腳盤腿」的特技來轉移話題。一名媒體高層在與王文淵餐敘後分析，台灣有很多的富豪家族，辜家有一種貴氣，金融蔡家予人精明幹練之感，「王文淵說話直白、不藏心眼，不像出身豪門世家的富二代。」

❖

從雲林開啟的時空之旅，過了一小時後，已近尾聲。

王文淵剛說完第一次去大連見到薄熙來的趣聞，惹得記者們哈哈大笑。另一名記者趁機詢問：「總裁，您身價應該有五百億吧？」在一旁的我聽得驚呼：「五百億麻動罕（閩南語，意指太誇張）。」王文淵笑笑地說：「罕嘎有存（意指誇張得太離譜）。」他仔細想了一下說，他其實不太記得有多少錢，就是每年報稅時看一下數字而已，「反正，也沒時間花錢。」

他說，有空的時候他喜歡看看書，各種書都看，最近看到一本影射北京市前市長陳希同貪瀆案的中國紀實小說《天怒》，很精彩也借給堂妹王瑞瑜看。接著他說：「你知道，有人說世界上有三種人講話是不能信的。一個是政治人物、一個是學者，另外一個就是你們記者了。」我笑笑地告訴他，其實差不多，因為你如果去問任何一個記者，哪三種受訪者不能信，我們一定會告訴你：「政治人物、學者跟企業大老闆……」

眼見車子駛進嘉義高鐵站，抓緊時間，我問他最後一個問題：「會不會希望自己的女兒進入台塑集團接棒？」他搖搖頭說：「不想，因為接棒太累了。她們當一個快樂的大股東就好。」

這是台塑繼承者的內心告白。

1

一方失信，引爆紛爭
——「妳拒退長庚，我延後交棒。」

新聞現場：2015/6/16
地點：王朝酒店

台化股東會今日登場，外界預期董事長王文淵將以主席身分主持任內最後一次股東會，會後交棒給總經理洪福源。但截至股東會召開前最後一刻，只見台化常務董事王文潮在隨扈簇擁下進場，代理主席主持股東會。王文淵今年連連缺席集團股東會，是否代表王文淵退居幕後的計畫生變，令人矚目。

王文淵股東會神隱　交棒恐生變

從二〇〇六年接掌台化董事長迄今（二〇一五）已邁入第十個年頭，過去九年的台化股東會，身兼台化董事長的總裁王文淵皆親自主持，從未缺席。

二〇一〇年，七人小組成員無異議達成「二〇一五年王家二代與三位老臣全面退出第一線經營」之決議。今年（二〇一五）的台化股東會，正是王文淵及台塑董事長李志村預定交棒之際。「老臣與王家二代分權共治」的台塑集團即將進入專業經理人全面治理的時代，王文淵卻首度缺席，新董事會也因此延至六月二十九日召開。

身兼台塑集團十家上市公司常務董事的王文淵，今年（二〇一五）僅出席遠在雲林的福懋股東會。台塑四寶股東會就在離台塑大樓僅五分鐘車程的王朝酒店，王文淵卻史無前例地全部「不克出席」。王文淵的神隱，顯然不是一句「因公務不克出席」所能解釋的。當時已有媒體傳聞王文淵交棒布局「翻盤」，但都遭到台塑集團高層斷然否認，直說「不可能！」

股東會前異常謹慎的氛圍、股東會上主席王文淵的缺席、股東會後董事會延遲召開，都讓王文淵的神隱，增添想像。六月二十九日董事會召開，推舉結果跌破外界眼鏡。

董事會上翻盤　王文淵續掌台化
三房、老臣事先不知情

據一名與會人士表示，台化董事會二十九日上午召開，推舉出五席新任常董，包括王文淵、南亞光電董事長王文潮、台塑集團總管理處副總經理王瑞瑜、美國JM-Eagle公司董事長王文祥以及洪福源等五人。進入推選董事長議程時，原是接棒人選呼聲最高的洪福源，卻主動推薦總裁王文淵，盼他能「續任董座，繼續領導台化」。此時，坐在一旁的王瑞瑜睜大雙眼，其餘十多名董事表情淡然，就在一片掌聲中，王文淵續任台化董事長。隨後，王文淵立即推舉洪福源出任台化副董事長，也同樣在一片掌聲中，無異議通過了人事案。

就在兩人互相推舉中，台化確實交棒了，只是交棒的是洪福源，總經理由較年輕的執行副總黃棟騰升任。原本預期退居幕後的王文淵，仍緊握權杖，二〇〇九年七人小組（二〇一一年調整為九人小組）所達成的「二〇一五年全面交棒給專業經理人」的共識生變。台塑集團邁向專業經理人全面治理之路進程延後，創辦人王永慶生前所規劃「經營權、所有權分離制」的交棒布局，六年內恐難以實現。

董事會推舉結果雖跌破外界眼鏡，但若是台塑集團最高行政中心九人小組的最終決議，也無可厚非。詭異的是，九人小組事先竟毫不知情。不僅台塑集團副總裁王瑞華未被告知；同樣為台化常務董事的王瑞瑜，在董事會改選時，一臉詫異的神情說明了一切。事後，王瑞瑜接受媒體採訪時坦言，對於總裁王文淵續任董座「蠻訝異」的。而甫自台塑董事長一職卸任的顧問李志村，更是到了當日下午三點多，還以為王文淵已經「交棒」給洪福源，完全不知道改選結果已經翻盤。至於台塑化董事長陳寶郎、南亞董事長吳嘉昭等人，事先皆毫無所悉、事後也不好過問。

連九人小組都感吃驚，更何況台塑大樓內數千名員工。面對媒體詢問，台化副董事長洪福源事後對媒體強調：「是我主動建議總裁續任，也已經討論了半個月。整件事情只有我跟總裁還有幾名台化高階主管知道，其他董事都是到了當天董事會召開前夕，我才一一告知。保密，是為了避免媒體亂寫。」洪福源認為，過去總裁擔任董事長，對公司對內對外資源獲取都有幫助，應該續任；況且他年事已高，應該站在第二線輔佐總裁挑選年輕一代的專業經理人來接棒，「這是對台化最好的結果。」

善體主子心
洪福源協助王文淵完美布局

確實，早在五年前，王文淵首次提及「台塑四寶未來董事長不姓王，將會全面交棒給專業經理人」時，就已經擔憂集團內部人才老化問題。在二〇一〇年十一月十三日台塑集團第三十一屆運動會上，王文淵首度鬆口指出，為求企業永續經營，規劃五至十年內台塑四寶董事長全由專業經理人接棒，「這是一個方向，也是當初創辦人的構思。」

王文淵當時表示，他最近在看一本名為「家族企業」的書，最大的啟示就是不論是家族企業，或專業經理人治理的企業，最重要的是領導人，「誰當董事長不重要，誰是領導人才是重點。」顯然，王文淵期許自己成為一個領導人，而非董事長的角色。

當晚在長庚球場的高階主管餐會上，酒過三巡後，對於「台塑四寶未來是否交棒給現在幾位總經理」的問題，王文淵曾說出自己的心底話：「他們四個總經理有三個年紀比我大，交棒哪有交棒給比自己老的？」王文淵認為，理想的董座接班人選，最好不要超過六十歲，領導公司十年後，再交棒給下一代專業經理人。無奈的是，當初兩位創辦人王永慶與王永在於二〇〇六年交棒時間已晚，集團內人才斷層嚴重，高階主管鮮少低於耳順之年；即使王文淵掌舵後厲行中高階主管六十五歲屆齡退休，中生代專業經理人五年內仍難以接掌大局。最後，能接掌台塑三寶的接班人選，仍是當初的三位總經理——林健男、吳嘉昭以及洪福源。

從時間點或許可以看出端倪。洪福源說，事情已運作半個月。若以董事會召開的時間六月二十九日來推算，差不多是六月十五日前後，洪福源「主動建議王文淵續任董座」，而當時總裁王文淵已缺席南科及台塑化兩場股東會。是否因王文淵連連神隱，讓洪福源查覺王文淵的心思，不得而知。但不可否認的是，長年跟隨王文淵身邊，洪福源最懂主子的心，也願意幫王文淵布下完美的「交棒」布局。

長庚名列台塑三寶第一大股東
王文淵如芒刺背

王文淵接連缺席台塑四寶股東會的不尋常，讓媒體起了疑心，但集團高層卻斷然否認「交棒生變」的可能。因為從頭到尾，總管理處與行政中心九人小組都未被告知。令人不解的是，若僅僅是為了防範媒體事先曝光，為何會連自己王家人都蒙在鼓裡？王文淵從去年（二〇一四）開始曾私下向友人多次表達退居幕後的想法，又是什麼事情改變了王文淵的交棒布局？

這部分的疑惑，或許可以從王永在辭世後，王永慶與王永在兩大家族在台塑集團的權力變化，來獲得解答。

長庚醫院向來被視為台塑集團的「控股中心」，不僅名列台塑、南亞與台化等三寶第一大股東；手握台塑四寶的股權，其市值高達二四五六・八五億元（以二〇一五年四月二十四日台塑四寶收盤價估算）。掌握四寶龐大股權，長庚對台塑四寶董座人選，有關鍵性的影響。

成立於一九七六年的財團法人長庚紀念醫院，是台塑集團兩位創辦人王永慶、王永在以捐贈台化股票方式共同成立。雖同為創辦人，但在長庚體系心中，王永慶與王永在的地位，始終有所差距。其關鍵在於，長庚醫院長期以來皆為王永慶三房體系所掌。長庚十五席董事席次中，王家成員、社會賢達以及長庚醫師代表各占三分之一。王永慶在世時，王永在基於「尊重兄長」的觀念，五席王家代表的董事席次，王永慶家族占了四席，王永在家族僅他一人進入董事會。王永在大房長子王文淵即使於二〇〇六年接任台塑集團總裁，卻仍無法進入長庚董事會。

二〇〇六年台塑集團世代輪替後，創辦人王永慶一口氣將所創設的三所學校董事長職務交棒給楊定一，引起外界矚目。同年十月底，集團內部傳出楊定一可能出線接掌長庚醫院董座，此一人事案遭到創辦人王永在強行否決，並態度強硬怒斥：「王長庚是我爸爸，怎麼可以董事長不姓王。」直至二〇〇八年十月十五日，王永慶於美國驟逝，王永在接掌長庚權杖，王文淵才首次進入長庚董事會；當時五席王家董事分別為王永在、王文淵，而王永慶家族則同樣是王貴雲、楊定一與王瑞慧等三人。意即，在五席王家董事中，取得長庚董座的王永在家族占有兩席，王永慶家族則有三席。

二〇一四年十一月二十七日，台塑集團創辦人、財團法人長庚紀念醫院董事長王永在辭世，董事會必須補上一席董事同時推舉出新董座。原本外界預期王永在次子王文潮遞補進入董事會，而王文淵則「以父之名」，上坐父親王永在所留的王位。然而，十二月二十三日的長庚董事會改選結果，跌破外界眼鏡。當日下午四點，長庚召開補選董事，董事提名人除了外界所預期的王文潮外，原董事楊定一竟出乎意外地請辭，改由岳母王永慶三房李寶珠遞補進入董事會。向來隱身在台塑集團創辦人王永慶背後的李寶珠，首度浮出檯面，也讓長庚董座改選瀰漫著不尋常的氛圍。

一週後，十二月三十日長庚董事會召開推選董事長，會議上長庚顧問吳德朗推薦李寶珠出任董座，十五席董事除了王文淵因出訪越南而缺席外，其餘皆無異議鼓掌通過。以黑馬之姿，李寶珠成為長庚醫院四十年來首次非「王」姓董事長，職掌市值逾三千億元的長庚醫院，手握台塑四寶近兩千五百億股權。以夫為貴數十年，李寶珠一走出廚房，瞬間成為「全台灣最有權勢的女人」。

董事會結束後，在王永慶二房長女王貴雲、王永在大房次子王文潮等董事的陪同下，李寶珠首次以「李董事長」身分受訪，並期許：「讓專家去做，看會不會做的比創辦人在的時候更好。」兩大家族三成員同台亮相，宣告長庚董座改選和平落幕，王永慶二房、三房與王永在大房等三勢力仍共掌長庚；沒想到卻因為「一方未遵循協議」，導致兩大家族關係陷入僵局。

就一名親近王家人指出，在董事會召開前，兩創辦家族已達成一項協議——接掌長庚董座的家族占兩席、另一家族取三席。既然，王永慶三房李寶珠已成為長庚董座，按照協議，王永慶三房三女王瑞慧必須退出長庚董事會，改由王永在二房王文堯遞補。此外，外傳兩家族還有一默契，即是長庚這「金脈」掌握在王永慶三房李寶珠手中，那台塑集團「事權」將更集中於王永在家族長子王文淵手中。王永慶三房長女王瑞華將不再涉及四寶例行業務，僅專注專案改善以及重大投資計畫。

二〇一五年一月，台塑集團總管理處發文向集團內部公告，意即台塑四寶董事長核決權限從預算三千萬拉高至四千萬，超過四千萬以上的預算則上呈由台塑集團總裁王文淵簽核；且凡是涉及預算採購案、工程發包案等四寶業務，在四大公司董事長簽准後，直接上呈總裁王文淵簽核。一只看來平常的內部公告，實際上是副總裁王瑞華「自削核決權」的開始。然而，在「王瑞慧退出長庚董事會」的協議上，王永在家族卻踢到鐵板。

王瑞慧拒辭
兩大家族協議瀕臨破局

二〇一五年一月中，台塑集團總裁王文淵透過雙方都熟識的公正第三方出面，希望三房的大家長李寶珠可以「勸退女兒、履行協議」，並盼能在二月中召開長庚董事會，改選王文堯為長庚董事。未料，王瑞慧堅拒請辭，雙方僵持不下。直至二月二十五日長庚醫院向法院登記董事名單變更登記時，王瑞慧仍在董事名單中。

一名親近王家人透露，王瑞慧已在長庚二十八年，當初也是父親王永慶叫她到長庚歷練，是最早進入長庚體系的王家二代；如今卻以所謂的「家族共識」，一聲令下就要她退，事先也未徵詢她意見。「她也已經五十多歲，叫她退就退，拱手讓位給從來沒參與過長庚醫院業務的王文堯，情何以堪？」

然而，王瑞慧堅決不退，等同兩大家族原先協議瀕臨破局。眼見三女王瑞慧拒辭長庚董事態度堅定，長庚董座李寶珠憂心兩大家族關係緊張，因此在四月底董事會召開前夕，主動透過人傳話告知王文淵「接掌長庚董座只會到這屆任期結束」（二〇一六年底）。李寶珠希望王永在家族能諒解王瑞慧深耕長庚二十多年來的情感，讓她繼續出任董事；李寶珠同時也尋求王永在二房周由美的諒解，希望其子王文堯出任長庚董事一事可以「等到下一任」。

一名知悉內情人士當時即分析，若王永在家族能「體諒」，則大事化小、相安無事；若王永在家族仍堅定要求王永慶家族履行當時的承諾，董娘李寶珠已做好請辭長庚董座的準備，將由董事會投票決定董座人選。該名人士剖析，王瑞慧深耕長庚二十多年，長庚董事會十五席董事，僅長庚醫師代表就有六席，這六票也成了王瑞慧堅強的後盾，「若再加上與三房關係友好的老臣楊兆麟一票及王瑞慧自己一票，十五票中王瑞慧可掌控票數過半，絕對有問鼎董座的實力。」結果，李寶珠的話傳了過去，未獲得具體回應。僵局要如何化解，成了李寶珠的難題。

王文淵二度缺席長庚董事會 李寶珠閃辭長庚董座獲慰留

據長庚內部規定，每四個月召開一次董事會，由於王瑞慧拒退，使得董事會拖到期限內最後一天四月三十日才召開。而當天董事會的議程，並未排定新任董事提名程序，顯見三小姐王瑞慧鐵了心拒退，而總裁王文淵也二度「因公缺席」，兩大家族關係如履薄冰。

據知悉內情人士透露，三十日長庚董事會進行到尾聲，新任長庚董事長李寶珠在所有董事面前，拿了一封信交給另一席董事庚醫院顧問吳德朗，表示自己才疏學淺，僅憑一股熱忱接下重任，未考慮自己力有未逮……李寶珠話還沒說完，吳德朗隨即以一句「今天不談這個」轉開話題，並迅速收下該封信。

當晚，李寶珠在台塑招待所夜宴所有長庚董事，包括三女王瑞慧、顧問吳德朗等董事皆出席，唯獨「因公出差」的王文淵與「另有要事」的王文潮缺席。在餐會上，李寶珠不時感謝所有董事的支持，離別意味濃厚；但由於當天吳德朗並未打開那封信，無法確定李寶珠是否在任內第一次董事會上就遞交辭職信閃辭。

數週之後，答案揭曉。

長庚董事會中六名醫師代表發動聯署「慰留長庚董座李寶珠」，間接證實李寶珠當日遞交的正是辭職信，而十五席長庚董事中，逾半數都簽名慰留李寶珠。在王永慶與王永在兩大家族間，長庚過半數董事已選了邊，等同宣告長庚董座之役還未開打勝負已定。王瑞慧確定將續任長庚董事，而李寶珠也承諾：「長庚董座一職只做到這一屆任期為止，明年（二〇一六）底任期屆滿將會卸下董座。」

對於李寶珠閃辭長庚董座一事，一家族成員證實此事，並以「兩者擇一」（王瑞慧或李寶珠），來形容總裁王文淵當時面臨的處境。該名人士透露，王文淵很清楚，李寶珠請辭長庚董座後，長庚醫師派仍會推舉王瑞慧擔任長庚董座。「王瑞慧當長庚董座，輩份上看起來不倫不類，還不如由三娘李寶珠留任來得適當。」最後，王文淵出面慰留李寶珠，也不再提及此事，但卻於八月底第三度缺席長庚董事會。

對於「原是兩大家族說好的協議」最後卻破局，王文淵在二〇一五年九月二十五日接受筆者專訪時，首度證實「這就是有一個誠信問題，有人沒有做到」。

而王瑞慧拒退長庚董事事件，是否影響到兩大創辦家族間的和諧？王文淵則以一句「有誠信，才能長期合作」吐露心底話後，即不再多說。

據親近王家人指出，王文淵私下對此事感觸良多。姑且不論當初兩位創辦人捐出台化股票成立長庚醫院時，是總座王永在捐贈較多股票；他也無法理解既然父親王永在都可以做到一輩子尊敬兄長王永慶而數十年不插手長庚事務，為何王永慶三房家族如今卻出爾反爾，破壞兩大家族的協議？該名人士透露，王文淵一度「逼得緊」，希望三房家族能「信守承諾」，「結果董娘李寶珠要閃辭，王文淵也知道長庚對王永慶三房家族忠心耿耿，不是董娘當，就是王瑞慧接董座，既然形勢比人強，王文淵最終也就退讓了。」

王文淵私下曾向友人吐露，如果不退讓，最後將是兩敗俱傷，台塑集團兩大創辦家族恐難以繼續合作下去，但他清楚爸爸跟伯父的想法，就是要「永不分家」。該名友人說，王文淵認為，既然決定不分家了，也就不再爭了。「看起來好像輸了，但輸了又怎麼樣？她們又真的贏了嗎？到最後，長庚是社會的，家族捐出來，就已經是社會的了。」

王永慶三房家族不遵守協議已成定局，長庚體系也成了台塑集團的「化外之地」。長庚不僅不聽命於母集團，如今更以宛如台塑集團控股公司的地位，擁有「左右」台塑三寶董監改選結果的實力。為防堵長庚叛變效應擴及到台塑四寶，王永在家族悄然回防台塑、台化以及台塑化三寶今年（二〇一五）的董事會改選，全力捍衛手中的集團領導權。

撤換長庚法人代表　王文淵回防台塑三寶董事會改選

平心而論，雖然台塑集團對長庚醫院的掌控力已「質變」，長庚醫院倒也未必有干涉台塑三寶董監改選的企圖。但長庚名列台塑、南亞以及台化三公司第一大股東，也是台塑化第四大股東；其中，長庚擁有台化股權更逾一八％，對台化董座人選有關鍵性的影響。

其次，王文淵雖貴為台塑集團總裁，台塑四寶的董事長人選皆為王文淵所欽點，但從法律層面來看，「總裁」並非《公司法》第八條所規定的公司負責人，並無法實際行政權。公司運作以董事長簽准為依據，總裁所簽署的公文並無法律效力。換句話說，在法律上，實際掌握兵符的是董事長，倘若董事長叛變，總裁立即面臨權力被架空的處境。

此外，今年（二〇一五）的台塑三寶董事會改選，為了配合證券主管機關規定，台塑、台化與台塑化三家公司將設置審計委員會來替代監察人，三家公司原本十五席董事、三席監事的董事會，改為總計十五席董事、其中包含三席獨董。而董事與監察人最大的差別即在於，董事有投票權，監察人則無。以往，長庚在台塑與台塑化各自僅占一席監察人席次，在台化則占有兩席監察人席次。

過去數十年來，長庚雖然是台塑三家公司大股東，但長庚法人代表在三家公司董事會中向來僅出任無投票權的監察人，以此表態「聽命母集團領導，不涉及四大公司業務」。如今，隨著監察人的制度取消，長庚在三家公司的監事成了有投票權的董事，按長庚的持股數，若長庚真要「展現實力」，在董事會中可望囊取的席次將出乎預期；在董事會的地位，將不可同日而語。

基於上述三點，王文淵是否要遵照二〇一〇年七人小組所達成的協議——「二〇一五年老臣與王家二代退居幕後，全面交棒給專業經理人」，成了一個問號。而在王瑞慧拒退長庚董事、長庚體系力挺王永慶家族穩掌長庚權杖後，這問號在王文淵心中有了清楚的答案。

多年來，長庚在台塑四寶的法人代表名單皆由長庚醫院擬定後上呈母集團，四大公司以及集團總裁王文淵未曾過問提名人選。今年（二〇一五），台塑及台化兩家公司長庚法人代表名單竟「遭撤換」。

一知悉內情人士透露，撤換理由是總裁王文淵對台塑與台化的長庚法人代表「有意見」，並直接欽點中央研究院院士、長庚大學教授魏福全以及林口長庚醫院院長翁文能，提名為台塑以及台化的長庚董事代表人。原本在台化董事會中，長庚有兩席監事席次，今年（二〇一五）也僅剩一席董事。

長庚醫院對於提名的法人代表遭到「撤換」感到訝異，原本希望能維持原版本的提名人選，但母集團態度堅硬，要求提名「總裁版名單」，最後，長庚醫院讓步，魏福全與翁文能順利成為台塑與台化董事。該名人士分析，為了鞏固領導權，王文淵透過欽點自己信賴的長庚法人代表人選以及減少長庚在董事會席次，來防堵長庚體系在台塑四寶的勢力，只是長庚隨時可以改派法人代表，突破防線對長庚來說，是「為」與「不為」的選擇而已。

但另一名在台塑集團任職逾三十年的高層認為，總裁王文淵要長庚換掉原提名的法人代表，應只是單純欣賞魏福全與翁文能兩人在醫學上的成就，與「防堵長庚勢力」無關，「魏教授獲美國整形外科醫學會推選為整形外科四百年來最重要的二十位醫師，是唯一一位亞洲人，總裁王文淵還曾至頒獎典禮上致詞。」該名高層指出，雖然長庚的持股穩居台塑、南亞、台化第一大，也是台塑化的第四大股東，但台塑四寶彼此交叉持股，形成強而有力的金鐘罩，台塑、南亞及台塑化等三公司內部交叉持股的股權高於長庚持股數，長庚並無左右董事會改選結果的實力；「況且，長庚介入四寶董事會要幹嘛？救人的醫生跳進來管石化業？別鬧了。」

另一方面，過去九年，集團內部厲行「屆齡退休制度」，許多中生代的專業經理人浮出檯面，現在在四寶董事會中的專業經理人，是總裁王文淵所拔擢上來的人才，長庚勢力不可能左右得了這些選票。

「妳拒退長庚、我延後交棒」
王文淵回馬槍續掌台化

透過集團內部交叉持股築起的防火牆，台塑、南亞以及台塑化三公司董事會或許沒有長庚置喙的空間；但在台化，長庚醫院確實掌有「話語權」。四十年前，台塑集團兩位創辦人王永慶與王永在捐贈台化股票，成立財團法人長庚紀念醫

院，因此在台塑四寶中，長庚持有台化股數最多，迄今仍持有台化一八．五八％股權，遠遠超過台塑、南亞合計持有台化的五．七九％股權。倘若王文淵要續掌台化兵符、續任董事長，長庚醫院「沒有意見」是個關鍵。而讓長庚「沒有意見」最安全的做法，就是讓一切「如外界預期地進行」。

二〇一〇年十一月十三日台塑集團第三十一屆運動會上，王文淵首度鬆口指出，為求企業永續經營，規劃五至十年內台塑集團走向專業經理人接棒，王家人退居幕後，「這是一個方向，也是當初創辦人的構思。」王文淵當時更直白地說：「未來台塑四寶董事長可能都不姓王。」不久後，集團內部更傳出由王家二代與老臣共組的七人小組，早在二〇〇九年就已經達成「二〇一五年全面交棒給專業經理人」的共識。

二〇一一年七月，台塑化董事長王文潮為台塑化工安大火請辭董事長，率先完成交棒。兩年後，南亞董事長吳欽仁也因妻子健康問題而向行政中心申請退休，並於六月南亞董監改選中卸下董座，交棒給當時的總經理吳嘉昭。二〇一四年一月中，台塑董事長李志村以回歸家庭為由申請退休，但遭總裁王文淵以及副總裁王瑞華慰留，盼他能待二〇一五年六月台塑董事會改選再退；同時間，王文淵也在農曆年前最後一天工作日簽署三項人事案，同意台塑資深副總林振榮、南亞資深副總鄒明仁以及台化資深副總黃棟騰升任為執行副總，為二〇一五年「全面交棒」鋪路。

二〇一四年下半年，總裁王文淵與友人聚餐時也私下透露「明年交棒」的意願；十一月九日台塑集團運動會上，對於媒體詢問「是否將於二〇一五年台化董事會改選交棒」時，王文淵笑笑地說：「（台化）董事會還沒通過前，我不便說明。」當時，不管是王文淵、李志村或楊兆麟，皆有意履行二〇一五年「退居幕後」的承諾。

二〇一五年的春節媒體餐敘，台塑董事長李志村明確表示：「今年會退休。」外界預期，總裁王文淵應會與老臣李志村、楊兆麟同進退。未料「王瑞慧拒退長庚董事」一事，壞了兩大家族的協議，在董娘李寶珠四月底閃辭長庚董座職務獲董事會多數成員聯署慰留後，「妳拒退長庚，我延後交棒」的布局即悄然展開。

六月股東會旺季，台塑四寶中台塑化率先登場，正當「一切都按照外界預期地進行」時，總裁王文淵意外缺席台塑化股東會。隔日，台化股東會登場，原以為王文淵會以主席身分主持任內最後一次股東會，沒想到在股東會開始前最後一刻趕上的，竟是常務董事王文潮，並代為主持股東會。王文淵接掌台化九年來，

王文潮代王文淵主持2015年台化股東會

首次缺席股東會。對於總裁王文淵為何缺席，胞弟常務董事王文潮說：「他昨天跟我說今天要出國，所以不能來。」沒想到，改選結果出爐，王文淵仍是票數第一的董事，結果股東會後的董事會就因「票數最高的董事不在場」，使得董事會延期至六月二十九日再召開。

當媒體已察覺不尋常而求證台塑集團高層：總裁王文淵是否會續掌台化？多位高層皆答「不可能」，也以總經理人

王文潮、王瑞華於2015年台塑化股東會

事案都已底定為由，斷然否決交棒生變的可能。二十九日台化董事會召開，正當外界以為一切都如預期地進行，王文淵將退居幕後，交出手中權杖；洪福源卻主動推舉王文淵續掌台化，以迅雷不及掩耳地速發動「突襲」，王永慶三房體系事先完全不知情，連身為台化董事的王永慶三房次女王瑞瑜也都是開會當下才知道翻盤。保密到家，怕的是夜長夢多，防的是台化第一大股東——長庚醫院。

最終，王文淵在一片掌聲中成為台化董事長。

輸了長庚董事長之役，王文淵在台化董事長此役扳回一城。台塑集團天下一分為二，「金脈」財團法人長庚紀念醫院確定由三房體系掌管，台塑集團台灣事業體領導權則緊握於王文淵手中。

王文淵續掌台化，等於當年七人小組所達成「二〇一五年全面交棒給專業經理人」的共識破滅，其結果就如同王瑞慧拒退長庚董事，兩大家族協商破局一樣——一方毀約，另一方也只能退讓。

二〇一五年七月一日，老臣李志村與楊兆麟退休，兩人卸下身上所有相關企業的董事長頭銜，轉任最高顧問；「老臣與王家二代分權共治」走入歷史，但創辦人王永慶生前所規劃「經營權、所有權分離制」的終極交棒計畫，短期內仍難以實現。

未來台塑集團將如何交棒，是按照創辦人生前規劃，朝向專業經理人全面治理邁進；或是王文淵另有新的交班布局，一切都充滿變數。套一句在集團數十年的專業經理人所言：「台塑集團就像清朝的宮廷。宮廷的事情，說變就變，沒有定數。」

確實，宮廷的事情，說變就變，龐大王國的接班人選也可以立了又廢。二十年前，一場婚外情，讓王永慶與王文洋父子決裂，太子王文洋遭罷黜，王永慶「子承父業」的企盼落空，啟動長達十年的交棒布局，王文淵、王文潮、王瑞華與王瑞瑜等四位王家二代陸續出列，成為後王永慶時代的台塑集團繼承者。

2

王永慶交棒布局——繼承者出列

新聞現場：2006／6／5
地點：台塑大樓2樓會議室

台塑集團董事長王永慶、副董事長王永在掌舵逾五十年的台塑王朝確定世代輪替，由老臣及王家第二代共組的七人決策小組接掌。而台化新任董事長王文淵及長庚生技總經理王瑞華則被「欽點」為最高行政中心總裁、副總裁，率領行政中心委員，以「最高行政中心七人小組成員」的身分亮相，代表著台塑集團新時代的來臨。

二〇〇六年六月五日台塑股東會結束後，台塑發布新聞稿宣布台塑集團世代輪替。王永慶全面卸下四十多家集團相關企業董事長，交棒給最高行政中心七人小組，欽點姪子台化董事長王文淵、三房長女王瑞華分別為台塑集團總裁、副總裁。老臣李志村、吳欽仁分別接掌台塑、南亞，而台塑化則由王永在次子王文潮掌舵。至於台塑集團總管理處總經理楊兆麟，以及王永慶三房次女台塑集團總管理處副總經理王瑞瑜，同樣名列七人小組名單。王永慶與王永在兩兄弟攜手四十八年打拼出來的兆元王國，宣告從王永慶的「大家長式領導」進入「老臣與二代分權共治」的集體決策新時代。

龐大江山，王永慶交棒給王文淵、王文潮、王瑞華、王瑞瑜等四名王家二代。王永慶二房長子王文洋與次子王文祥，雖是王永慶遺產繼承者，卻非台塑王國的接班人。王永慶傳姪、傳女不傳子的「果」，是由三事件所種下的「因」演變而成，最早可追溯至一九七五年底的「楊嬌負氣赴美定居」事件。

事件一◉兩女爭一夫

楊嬌負氣赴美，李寶珠「董娘」地位日益穩固

出生於一九二五年，本姓廖的一女嬰出生不久即為楊家收養，改名為楊嬌。十一歲時，楊嬌養父重病，楊嬌開始工作補貼家用；二十歲時罹患瘧疾，南下嘉義姑媽家中養病，透過姑丈認識了當時開米店的王永慶。王永慶拿藥治癒了楊嬌與家人的疾病，並對楊嬌姑丈表示希望能迎娶楊嬌。當楊嬌同意婚事後，王永慶才告知已與王月蘭結婚十三年，但膝下無子，拜託楊嬌和他結婚。他開米店致富，願意把一半財產給王月蘭，只求能離婚。

在王雪紅紀錄、母親王楊嬌口述而製作的紀念冊中載明，一九四六年，王永慶與楊嬌結婚。結婚當天是由王永慶之母王詹樣及三妹王銀尾來接回楊嬌，並在嘉義米店擺了兩桌，有保正和檢察官來作證。然而，在王文洋為王月蘭製作的紀念冊《點亮王家的永恆星辰》中，對這段過往卻有截然不同的描述。

在王月蘭紀念冊中載明：

民國三十六年（一九四七）年，有一天，王月蘭聽店內的工人說，先生（王永慶）在外面有了兩、三個月大的孩子，王月蘭問先生為什麼不帶回家來？王永慶沉默不語，也沒有任何回應。王月蘭就自己想辦盡辦法，設法四處去打聽。有一天在王永慶不知情的情況下，王月蘭主動將已生了王貴雲的二房楊嬌接進門來。當時，王永慶下班回家，見了楊嬌，還非常驚訝地問她：「你怎麼會在我家？」王月蘭性格的仁慈、寬厚與大器的風範，在此顯現無遺。她的善良也因此改變、並點亮了二房所有孩子們的命運。

為何王文洋製作的王月蘭紀念冊中，關於父親王永慶與母親王楊嬌結褵的過程，會與母親王楊嬌親口述說的往事有如此大的落差，不得而知。唯一可以確定的是，王永慶並未與王月蘭離婚，原因除了王長庚不贊成之外，王楊嬌也認為王月蘭十七歲嫁到王家每天辛苦操持家計，沒有子嗣並非王月蘭的過錯，因此同意丈夫王永慶不需離異。

王楊嬌與王永慶於一九四七年、一九四九年及一九五一年陸續生下長女王貴雲、次女王雪齡、長子王文洋，王永慶還不時開著吉普車帶著三個小孩陪王楊嬌回娘家，夫妻倆過了幾年快樂的家庭生活。但隨著王永慶事業越做越大，應酬越來越多，夫妻生活也慢慢變質了。

據王楊嬌在紀念冊中回憶，在王雪紅出生後（一九五八年），就聽到王永慶外面有女人，雖然以前也有些風流韻事，但從來不會不回家。但如今有時竟不回家了，「懷了文祥（一九六五年）後，你的父親相當高興，但有一天他突然變了，他很焦躁地對我說，外面的女人問他，如果愛她，為何我還會懷孕？我那時開始就沒由來地流眼淚，不知道我的價值在哪裡？」

「台灣對我來說太擠了」——楊嬌瞞夫攜子赴美定居

王楊嬌與王永慶的家庭生活日益出現摩擦。一九七三年，王楊嬌赴美參加二女兒王雪齡與簡明仁的婚禮，並暗自決定，下一趟赴美將不再回台。一九七五年底，王楊嬌赴美探望女兒；不想讓婆婆及丈夫知道她赴美定居的想法，王楊嬌並未開口跟丈夫多要錢。放棄台灣所有的榮華富貴，王楊嬌僅僅帶著九歲的王文祥赴美，就連落腳之處都沒有著落。最後，王楊嬌情商長女王貴雲及次女王雪齡，拿著她們兩人三萬美元的嫁妝作為頭期款，買下柏克萊一間五萬美元的小房子，人生一切從頭開始。

王楊嬌對王雪紅說，最初幾年，王永慶與很多的親戚朋友都到美國來看她。「你父親來了三次，勸我回去，也跟我說你祖母也希望我回去，我內心很掙扎。最後，我還是決定留在美國。在美國，我可以有進步的空間，我在台灣留學生跟台灣教會中可以給予價值；在台灣，對我來說太擠了，會成為別人的負擔。」

從一九七六年開始，王永慶與王楊嬌相隔兩地，就這樣成了有名無實的夫妻。對於王楊嬌當年負氣赴美，多位王家親友認為，如果她不走，也許事情會有截然不同的結果。一名親友指出，當初阿嬤王詹樣是跟二房王楊嬌一起住在錦州街，董座王永慶事母至孝，只要王楊嬌照顧好婆婆，三房李寶珠將無法撼動二房的地位，更何況王楊嬌還生下了兩名兒子。

另一名親友則說：「一九七五年那時候，董座晚上都還是會回錦州街跟阿嬤請安，三房住在當時的台化招待所附近（臨近現今小巨蛋）。是二房自己放掉了。」一名老臣也認為，子女們看到母親獨自赴美定居，自然會為母親抱不平，敵視三房李寶珠，「王文洋聰明絕頂，可惜，他整個人被恨意給蒙蔽了，也影響了日後的際遇。」

◉事件二◉

王文洋婚外情曝光　王永慶怒廢太子

自小家貧、王永慶無法繼續求學，對於培育二代用心良苦。王永慶二房以及王永在大房子女們在台灣念完小學後，十二歲即赴英國留學，取得大學文憑後再安排到美國，陸續進入台塑在美國事業體操兵，最後回台進入集團。不管是王文洋、王文淵或王文潮，都按照這樣的計畫循序漸進地訓練。其中，王文洋從小天資聰穎，二十六歲即拿到博士學位，學業表現不曾讓王永慶失望，也讓王永慶對其寄予厚望；「望子成龍」心切，讓王永慶更嚴格地要求王文洋。

望子成龍　王永慶嚴格培訓王文洋

王永慶對待王文洋的嚴格，有時候連身邊的人看了都覺得不近人情。一九七五年左右，王文洋剛搬到美國，在PPG（匹茲堡油漆和玻璃）集團的PVC廠實習，與新婚不久的妻子陳靜文居住在紐奧良。有一次，董座王永慶與三娘李寶珠飛往休士頓與台塑美國主管開會，王文洋與陳靜文就開了六、七個小時的車到父親王永慶所下榻的機場旅館碰面。結果王永慶一見到王文洋夫婦，沒有寒喧問候、也沒有一句關心新婚生活的話語，劈頭就問：「生產一公噸的VCM需要多少乙烯？多少氯氣？」丟出一連串成本問題考王文洋。

雖然王文洋才剛取得化工博士學位，但工程師專注的是生產過程，對於成本觀念仍模糊，無法回答父親王永慶拋出的一連串問題。王永慶就在飯店咖啡廳內，當著王文洋新婚妻子陳靜文的面大聲斥責。不僅鄰桌顧客側目，坐在一旁的台塑主管也聽得冷汗直冒，看著王文洋鐵青著臉聽訓。

一九七八年，台塑啟動美國德州廠興建計畫，王文洋也進入台塑集團協助此計畫，由吳欽仁培訓指導。當時人在台塑的吳欽仁挑了三十八個工程師到德州建置台灣海外第一座VCM廠，被稱為「德州黃埔一期」。

當時三十八名工程師到德州面臨的是一片荒蕪的土地，連棲身的處所都沒有。沒宿舍，就承租鄰近的一個荒廢農舍，所有人住在裡面打地鋪；沒員工餐廳，吳欽仁就自己下廚想辦法餵飽一群年輕人，直到數月後，王永慶與李寶珠到美國視察工程進度，才發現生活如此克難，李寶珠當場和王永慶商量，把台塑高雄廠的廚師徐師傅調往美國，解決民生問題。是在如此刻苦的條件下，台塑集團開始美國石化園區的第一步。

在美國蓋廠必須通過州政府的環評許可，當時只要花錢就能請人幫忙進行環評申請。但王永慶認為，既然要在美國落地深耕，就要自己來，不可以委外；通盤了解環評各要求跟環節，也有利於未來的擴建計畫。因此台塑集團決定自己著手申請。德州州政府得知後，派出三名環評人員協助，整個環評申請計畫則由王文洋主導。半年後，環評報告出爐；召開公聽會後，州政府通過環評計畫，德州廠正式施工。

當時與王文洋在美國共事的吳欽仁曾說：「如果沒有王文洋幫忙申請環評，德州廠要蓋好也是有困難的。董座也知道，所以董座很看重王文洋的，不管是布希總統來還是跟政府官員拜會，董座都是把王文洋帶在身邊的。」

一九七九年，王文洋返台時，王永慶安排他到台塑高雄廠實習，還特別要求台塑主管要讓王文洋跟其他員工一樣照三班制輪班，且必須住在員工宿舍內。但當時的主管考量到王文洋是博士畢業，又曾是美國PPG設計工程師，算是有經驗的人，不該比照一般沒經驗的新人模式訓練，認為董事長要求太嚴苛，私下安排王文洋去住招待所，晚上才能好好休息。沒想到王永慶輾轉得知後，把台塑主管罵了一頓，堅持要王文洋住在宿舍裡。最後台塑想出一個辦法，讓王文洋轉調靠近台北的南亞林口廠實習，才解決這難題。

王文洋日漸偏離接班之路

一名王家親友說，早年董座跟總座每週日中午都會跟王文洋在永馨牛排館（王永慶創辦的牛排館，在台北長庚醫院現址）用餐，「每週你爸爸跟你叔叔都跟你吃飯是什麼意思？不就是要栽培你接下這個企業嗎？他們兩個老人家不遺餘力、全心全力栽培你成為台塑集團的接班人，這就是董事長的意思。所有老臣也都看在眼裡，所以那些亂七八糟的事情也沒人敢講。」

看著王文洋進入公司歷練、培育接班，最後遭父親逐出家門；一名老臣分析，王文洋早期歷練時還很優秀，在南亞當經理後，可能因為一些代理商捧他、請他喝花酒，導致他越來越常出入聲色場所。他一喝酒行為舉止就脫序，把熱情放在燈紅酒綠的夜生活中，再也無法專注於工作；到後來，甚至連生意場合的應酬都失控。

一次，美國德州康福特郡（Comfort County）的郡長帶著妻子跟小姨子飛抵台灣，到台塑大樓拜會。中午就在十三樓設宴宴請貴賓，當時被全力栽培接班的王文洋也作陪。酒過三巡後，王文洋當著郡長的面約郡長的小姨子外出，對方拒絕後，王文洋仍不死心地邀約。在場目睹這一切的主管說，當天董座不在場，也沒人敢告訴他，只是大家看了頻搖頭：「他已經脫線到連這種利害關係都不顧了，怎麼會有心思打理他爸爸的事業？」

當時的王文洋仍是台塑集團的儲君，僅從王永慶願意把台塑集團最重要的投資計畫六輕石化園區交付給王文洋，欽點當時台塑總經理王金樹為計劃召集人、時任南亞協理的王文洋為副召集人，即可看出栽培接班意味濃厚。但因王文洋當時歷練仍不足，對六輕許多重大決策懸而未決；王永在發現後跳到第一線，王文洋自此未再涉及六輕工程。

一名參與當時由王文洋主持的六輕小組會議的高階主管表示，當時的會議是跨公司、跨部門的，有許多重大問題必須透過橫向聯繫跟討論，馬上做出決定，才能迅速尋求解決方案、得以推動六輕工程。該名主管說：「王文洋主持會議的風格，是讓那幾個南亞的幹部把手上蒐集的資料說一說，會議就結束了。沒有任何結論，沒有任何進展。下一次再開會，也是這樣。這樣開下去，六輕永遠也動不了工。大家都回去跟上面反映了這個問題，最後總座就跳下來主持六輕會議了。」

自此之後，王文洋漸漸偏離父親規劃的接班道路。

一九九五年六輕工程如火如荼進行，南亞協理王文洋卻因與台大碩士班學生呂安妮的婚外情而成為全國焦點。外界總將王文洋與呂安妮的一場婚外情視為導火線，但王文洋於二〇〇九年六月接受《蘋果日報》專訪，當筆者問起「知道您當年遭廢太子的理由……」時，王文洋不等問題結束，馬上補上一句：「絕對不是為了呂安妮！和她一點關係都沒有，應該是跟我祖母過世有關。」

王文洋說，當年五月祖母王詹樣辭世，他就準備要離開了，那時婚外情根本還沒曝光。王文洋在專訪中表示：「我祖母在的時候誰敢動我呀！我祖父、祖母是最疼我。我祖母一過世，我心理就有準備……我只有遺憾當時社會都誤以為什麼我愛美人不愛江山。事實上，呂安妮事件跟我離開台塑集團，是一．點．關．係．都沒有，那是一個藉口。真正的原因就是要我離開，就是這麼簡單。」當時我追問王文洋：「誰要你離開？」王文洋只說：「我不要說。你可以自己揣測，謝謝！」對於父親王永慶下令將他「逐出家門」，王文洋解讀為「他（父親）是迫於無奈」。

王文洋的說法，讓王家親友、台塑集團老臣，甚至是二房家族成員都頻頻搖頭。他們認為，呂安妮事件就算不是王永慶廢太子的主因，也是導火線；最主要的原因，是王永慶對王文洋的失望。王永慶三房次女王瑞瑜更直言：「哪一個父親不望子成龍、望女成鳳，但王文洋能讓父親安心把整個江山交付給他嗎？」

另一名親友說，王文洋當時是台塑集團接班人，多少女孩子看到他就主動送上門，他也相當「博愛」、不會拒絕，「這一切他太太陳靜文都看在眼裡，不僅不吵鬧，甚至還幫他瞞著董座。」該名親友說，早在王文洋與呂安妮的婚外情還沒曝光前，他們在台大的師生戀已發展逾三年餘，陳靜文還會幫忙隱瞞，每晚都假裝王文洋回家睡。結果是隨扈申請報加班費，王永慶一看，才知道原來自己的兒子在外面玩到那麼晚。

王文洋為呂安妮鬧翻台大　婚外情意外曝光

一九九五年六月二十七日，台大商學研究所博士班策略組口試，當時就讀台大商學研究所碩士班的呂安妮，也是應試學生之一。而她的指導教授，正是台大兼任教授、南亞協理王文洋。呂安妮不僅是王文洋的第一個指導學生，甚至是唯一一個；在兩人未公開戀情前，媒體以「王文洋的神秘女學徒呂安妮」來形容她。

王文洋對於「唯一指導的學生」呂安妮可說是費盡苦心，當年呂安妮的碩士論文「台灣工程塑膠產業特色之研究」，南亞主管授命「傾囊相助」；迄今，呂安妮的論文，還有一備份在南亞公司。

據一九九五年九月十八日的《商業周刊》報導，博士班口試當天，三位口試委員洪明洲、陳希沼及魏啟林都將重點集中在呂安妮碩士論文的內容及其引申，以及未來博士論文的研究方法。結果，筆試成績是十八名應試學生中最高分的呂安妮，竟然只得到六十分。一位口試教授更以「內容零散、空洞、不具體」的評語，來形容呂安妮的回答。

當天口試結束後，副教授洪明洲回到辦公室就立刻接到王文洋的電話，詢問呂安妮的口試狀況，洪以「顯著表現不好」回應。王文洋聞訊後即表示，筆試成績最客觀、可靠，應以此為最重要考慮，分數最高者錄取，否則「社會會有非議」。洪明洲不以為意，沒想到噩夢從此開始。事後，洪明洲也陸續將此時期所遇到的各種光怪陸離的人事物寫入日記中，並取名為「蒙難日記」。

就洪明洲的「蒙難日記」所載，從口試前一晚到口試後數日，王文洋不斷為了此事打電話給他，甚至在六月二十八日清晨一點接到王文洋電話怒問：「你要與我為敵是不是？」七月五日，洪明洲太太致電給人在上海的洪明洲，表示家裡接到恐嚇電話；八月十八日清晨，洪明洲南港正在裝潢的公寓，遭潑柏油與強力膠。八月二十二日，洪明洲景美家的門口遭撒冥紙，洪在家中接到數通沉默電話。就在這段時間，呂安妮不斷向教育部、立法院以及監察院申訴，同時向媒體控訴洪明洲對她性騷擾。整起事件越演越烈，但王文洋與呂安妮的婚外情尚未曝光。

一九九五年八月十九日，台大校長陳維昭到台塑大樓十三樓拜會王永慶，希望王永慶能說服兒子王文洋，讓整起風波落幕。一名王家親友回憶道：「董座是一個愛面子的人，人家大學校長跑來告狀，你叫他面子往哪擺？」該名親友指出，其實整起風波剛開始時，王永慶對呂安妮沒有負面想法，甚至還透過老臣轉述給王文洋：「她（呂安妮）要唸書，去美國也可以唸書，錢我（王永慶）出都沒關係。」但遭到王文洋拒絕。

台大校長告御狀，王永慶已經氣憤難耐；兩天後，王永慶收到呂安妮長達二十頁的信函，父子關係更降至冰點。據《商業周刊》第四一一期報導，信中除了詳述呂安妮與王文洋的感情外，還寫著「我願意效法三姨照顧您一樣，照顧文洋一輩子」。文中的「三姨」，是王文洋對「三娘」李寶珠的稱謂，顯見呂安妮盼能藉由這封信打動王永慶，同意她進門。

根據媒體報導，王永慶看過這封信後，把王文洋的太太陳靜文找來。陳靜文邊看信邊哭著告訴王永慶，這信是兩天前晚上，王文洋在家中與呂安妮通話的內容。王永慶勃然大怒，不願再見王文洋，對呂安妮的負面觀感也日益加重；更深感年紀輕輕的呂安妮竟有如此複雜的心思手段，因此反對兩人交往。

王永慶親筆下免職令　吳欽仁揮淚「廢太子」

九月中，《商業周刊》報導「王文洋為呂安妮鬧翻台大」，影射兩人關係匪淺，引起媒體爭相跟進報導。九月下旬，呂安妮與王文洋分別接受媒體採訪，澄清兩人是「單純師生關係」、「普通朋友」。十月六日，《獨家報導》刊登王文洋與呂安妮的沙龍照，呂安妮不承認也不否認該沙龍照之真實性。直到十月十八日，呂安妮公開與王文洋的婚外情，並接受媒體專訪。

從十月下旬到十一月上旬，媒體接連開始將焦點轉向王家兩代情史，除了大作王文洋與呂安妮的師生戀之外，也意外將王永慶與三房李寶珠的陳年往事，以及王永慶與女明星、女護士等荒唐無稽的不實傳聞都曝光，連連攻占媒體版面。

家事成了眾人茶餘飯後的話柄，不僅讓高齡八旬的王永慶顏面盡失、痛心疾首，更讓台塑三寶股票重挫、百億市值蒸發，也成了壓倒王永慶與王文洋父子關係的最後一根稻草。

一王家人指出，王永慶後來直接要求王文洋離開呂安妮，王文洋不僅拒絕，還回以一句意近「你還不是一樣娶三妻四妾」的話，激得王永慶大怒，怒斥王文洋「時代不同」，王文洋則以一句「人心不變」回應。「是這句『人心不變』，讓董座心灰意冷，下令王文洋『出去』，還親自下條子革王文洋的職。」

王文洋在二〇〇九年接受專訪時，提及這段「廢太子」的過程：「他（父親王永慶）用了他的名片後面寫了幾個字，就是要我走，然後交給吳欽仁。後來，吳欽仁拿給我看，說這是你爸爸的意思。他眼淚就流出來。」「太子太保」含淚下達董座王永慶的「驅逐令」，台塑集團接班布局風雲變色。

對於這段過往，我曾求證於吳欽仁，吳欽仁僅低調地說「是我去跟王文洋講這件事情的」，就不願多談。據知悉內情人士表示，有一天，董座找吳欽仁去他的辦公室，拿了一個信封袋給吳欽仁，說王文洋的事情就這樣辦。吳欽仁回去後將信封打開，看到是董座的名片，後面寫下幾個字，就是免職。幾天後，吳欽仁到王文洋家中，將董座王永慶親筆寫在名片背後的「免職令」給王文洋看，王文洋眼眶泛紅，聽著一路培訓他的老師吳欽仁告知父親「廢太子」的口諭。

一輩子追隨王永慶、也當了太子太保十多年，吳欽仁不忍見王永慶、王文洋父子情斷，思索幾日後決定上呈「停職一年」的簽呈給總座王永在。當時王永在也憂心王文洋若真離職，阿兄與姪子恐自此決裂，因此他馬上簽字，並指示「公文簽到我就好」，不再往上呈給董座王永慶。

一九九五年十一月七日，南亞主任吳嘉昭首次以南亞發言人身分，在媒體前針對王文洋與呂安妮的事件鬧得沸沸揚揚、浪費社會資源而致歉。隔日，南亞宣布懲處案，以「南亞協理王文洋處理呂安妮事件欠妥當」為由，處分停職一年，「以昭炯戒、並觀後效」；而王文洋本人則一早搭乘飛機前往美國。

該名人士透露，吳欽仁在集團內有「太子太保」之稱，因為幾乎所有的王家二代，都是在南亞體系訓練的；除了王文洋，還有王文淵、王貴雲以及王永在的女婿張家鈁等。「吳欽仁早從在美國就跟二十多歲的王文洋認識，一路帶著他，現在看到他們父子反目，可以想像他內心的難過。」

就這樣，王永慶的「免職令」改成了「停職一年」。老臣吳欽仁與總座王永在爭取一年的時間，就是希望王文洋能在這一年內改善與父親王永慶的關係，但王文洋自此未再重返台塑集團。一親友指出，王文洋被停職一年，但他的辦公桌都沒有人敢動，因為他是董座王永慶一生栽培的接班人，大家都想，也許他一年之後就回來了。

一九九七年六輕近尾聲　王永慶論功行賞，接班團隊浮現

當王文洋與呂安妮的緋聞屢屢攻占媒體版面時，台塑集團有史以來最大的

投資計畫——六輕工程如火如荼推動中。王文洋停職一年赴美避風頭時，高齡七十三歲的王永在率領集團四大公司主管，週週召開六輕工程會，每兩週即南下麥寮一次視察進度。王永在長子王文淵在前一日即夜宿麥寮了解狀況、次子王文潮則當日清晨四點三十分與父親同車南下，七點抵達舉行麥寮早餐會，到各廠區巡視，一一了解施工現場的最新進度，午餐會後再搭車返回台北。這趟往返九小時的車程，王永在四年內足足搭了一百零四次，直至一九九八年六輕順利投產為止。

一九九七年，六輕工程進入尾聲，王永慶論功行賞。十一月七日，台塑集團頒布歷年最大人事命令，專業經理人王金樹升任台塑副董事長，李志村、吳欽仁皆升任總經理，王文潮也升任台塑化協理。這也是太子王文洋遭罷黜後，接班團隊首度浮出檯面。而這一天，剛好是王文洋停職兩週年。

兩年內，王文洋從台塑集團王儲，變成了宏仁集團的創辦人；兩年時間，王永在督軍的六輕順利完工，王永在家族撐起了半邊天，大阿哥王文淵在集團內的角色日益吃重。而這兩年，王永慶規劃一輩子的「子承父業」夢碎，高齡八十歲的王永在，思索著龐大的石化王國該如何傳承下去。

◉事件三◉

六輕投產　王永在居功厥偉，家族頂起半邊天

二〇〇六年六月五日，以王永在大房長子王文淵為首的七人小組接掌台塑集團。為了這一日，王永慶苦惱十年、王永在札根十年。二〇〇六年，在台塑集團已蹲了三十一年馬步的王文淵接下權杖。王文淵雖然不是當時王永慶心目中台塑集團總裁的第一人選，卻是當時能順利交棒的唯一選項。

從昔日的大阿哥到今日台塑集團的共主，王文淵三十多年來步步為營、力求表現，父親王永在跳到第一線督軍的六輕工程順利投產，家族勢力在集團內日益穩固。但即使「太子」王文洋遭罷黜，伯父王永慶心中的「儲君」人選仍另有他人；若非父親王永在的堅持，王文淵不會成為台塑集團掌門人。

事實上，對於王文淵的能力，王永慶並無疑慮；因為他一手規劃王文淵的教育、經歷，可說特意培訓他成為有能力的管理者。但王文淵暴躁的性格，卻讓王永慶擔憂他無法凝聚人心。王永慶私下曾徵詢其他人接掌權杖的意願，據傳甚至一度有意欽點三房長女王瑞華接掌總裁。但長年追隨南懷瑾、篤信佛法的王瑞華，並無追求「萬人之上」的野心，更不願眼見父親王永慶與叔父王永在為此意見不合而發生扞格，寧可退居副總裁、輔佐王文淵。

王家首位男孫　王文淵深受祖母王詹樣寵愛

一九四七年於嘉義出生的王文淵不僅是王永在大房長子，更是王長庚與王詹樣的第一位男孫，備受祖父母寵愛。但體弱多病的王文淵小時候發過高燒，甚至一度病危；經行醫的三姑丈連日搶救，才撿回一命。此後，王詹樣對王家第一位男孫王文淵更是寵愛有加。四年後，王永慶二房長子王文洋出世，王文淵與王文洋，就成了王詹樣的心頭寶。

一九五八年，王永在毅然結束羅東的木材事業。在阿兄王永慶的一通電話下，決定南下高雄駐廠管理營運陷入困境的台塑高雄廠。當時王永在以為自己是短期駐廠，因此隻身南下，數月後才將妻子王碧鑾與次子王文潮接下高雄，獨留長子王文淵在台北與阿兄王永慶同住在三條通附近、長安國小旁的洋樓。

不久後，王文淵在伯父王永慶的安排下，與王貴雲一同赴英求學。王家二代的教育都由王永慶一手主導，王永在並無意見；二代在英國受教育的生活費跟學費，則由兩人的共同戶頭支付。就算是王永在的子女要用錢，也都要寫信向伯父王永慶請款。在英國完成學業後，王文淵轉赴美國休士頓大學就讀工業工程所。

一九七一年王文淵畢業後，隨即到一家與台塑集團有資金往來的小銀行工作，之後又到美國南亞代銷商實習，於一九七五年正式歸隊，到台塑海外第一個生產據點波多黎各PVC廠工作。一名在集團內部工作逾三十年的高階主管透露：「你看總裁是念工程、畢業後到金融業工作，之後又去代銷商那邊學，到台塑集團的第一份工作是在波多黎各ＰＶＣ廠。僅這過程，你就可以知道，兩位創辦人是很有計畫性地栽培王文淵。」

離台二十餘年王文淵低調　老臣不識「Mr. Wong」

小學畢業就出國當小留學生，王文淵離台二十多年。留英期間，僅伯父王永慶、父親王永在及阿嬤王詹樣等親人偶爾飛抵英國探望，跟隨兩位創辦人開疆闢土的專業經理人未曾見過王文淵、王文洋等王家二代成員。而行事作風低調的王文淵，就連因緣際會遇上赴美出差的李志村，都未主動表明身分，令人不知眼前這位「Mr. Wong」原來就是王文淵。

時間拉回一九七二年，美國因土地便宜、電力充沛且石油儲量充足，台塑評估若能在美國生產ＥＤＣ（液鹼），還可運回台灣供給台塑ＰＶＣ廠生產，因此台塑專業經理人展開美國學習之旅。

李志村與其他九人一同到美國史托福化學（Srauffer Chemical）的洛杉磯廠區考察。其中一名成員因時差無法成眠，李志村想到一位南亞賴姓員工剛好被調到美國的南亞代銷商公司實習，因此致電該公司倉管部門，希望能找到賴先生。結果卻是一位Mr. Wong接了電話，說賴先生不在。李志村說：「因為他也會講中文，我就問他能不能幫我們拿到安眠藥？Mr. Wong馬上就說好。」

Mr. Wong拿來安眠藥之後，李志村一夥人便與他聊了起來。得知Mr. Wong在台灣念完小學便赴英念書，相當訝異。「在那個年代，出國是很不容易的事情，一個小學生畢業就出國深造，那肯定是天才兒童。所以我們就問他是不是天才兒童，被政府送出國念書。他否認，但也不願意透露他的出身，直說這沒什麼好講的。」

到了週末，李志村等人眼見即將返台，想到曾聽人說起美國的「艷舞秀」，想開開眼界。於是又打電話給Mr. Wong，問他能不能帶大家去見識見識，Mr. Wong一口答應。這場燈光、音效十足的高檔豔舞秀，忽明忽暗創造出無限魅惑的氛圍，讓八十歲的李志村至今難忘。李志村說：「到最後，所有燈光都熄了，其實什麼都沒看到，但這樣反而精采。那天晚上之後，我們對這位 Mr. Wong 印象深刻。」

隔日，賴先生打電話給李志村：「你前幾天找我幹嘛？」李志村說出原委，並說 Mr. Wong 都已經幫我們解決好了，人也很好客，還陪我們去看艷舞秀。賴先生狐疑，說這裡應該沒有這個人，於是問起 Mr. Wong 的長相。李志村笑著說：「我一形容那個身影，賴先生就很吃驚地問我：『不知道那人是誰嗎？』我說，Mr. Wong 呀。他說 Wong 是香港拼音，我們台灣拼 Wang。Mr. Wong 就是王文淵，總座的長子王文淵。」當王文淵聽說李志村已經知道他的身分後，還在李志村回國前特別叮嚀：「豔舞秀是你們要求我帶你們去看的喔，不是我要看的喔！你們回去千萬不能跟我伯父、我爸爸說起這件事。」

海外歷練十年　王文淵回台出任「王主管」

一九七三年，台塑集團決定踏出海外布局的第一步。兩年後，一九七五年台塑波多黎各PVC廠正式投產，王永在大房兩子王文淵、王文潮及長女婿陳徹，皆派駐波多黎各廠。董座王永慶堅持「二代成員沒有特殊待遇」，跟一般員工一起吃住，甚至連薪水也一樣。憶起當時，李志村說，波多黎各廠的生活環境真的很辛苦，一次視察完後，李志村擔憂王文淵、王文潮的薪水可能不夠用，就在機場跟董座溝通，看要不要多給他們一點。「結果我還被董座罵，他說不可以因為他們兩人姓王，所以領比較多。這點董座很堅持。」

在一次媒體餐會上，媒體問已出任總裁的王文淵早年在美國工作的情況。王文淵說，他印象最深的就是當時他買了一輛二手車，車子底部還破一個洞，有次某親戚從台灣飛到美國，他開著那輛破車去接機。結果親戚一坐上車，發現可以從車底的破洞直接看到道路，嚇得驚魂未定。顯見王文淵食衣住行都十分簡樸。

一九七八年至一九八〇年左右，王文淵返台，進入南亞工務部工作，自此父親王永在為他安排長達十年的「特訓期」。當時台塑集團組織架構仍趨向扁平，王永慶身兼南亞董事長與總經理，底下除了協理吳欽仁外，就是另一位胡姓經理。當時王文淵名片上的稱謂，是首創的「王主管」，非正式的管理頭銜。而王文淵大而化之的作風，讓老員工們迄今印象深刻。像是一屁股坐在上司的辦公桌；或者在自己位於南亞三樓的辦公室內，把雙腳放在辦公桌上；都讓和他洽公的員工相當詫異，私下稱王文淵是「名為主管，實為見官大一級」。

塑三部業績空前絕後　大阿哥王文淵地位如日中天

一九八二年十月二十日，王文淵轉赴塑膠三部出任經理，主管塑膠管、塑膠布等業務。由於當時台灣經濟起飛，房地產景氣攀達顛峰，王文淵督軍的塑三部業績一飛沖天，寫下空前絕後的成績。之後接手塑三部的經理林豐欽，迄今未能打破王文淵當時的業績。

王文淵交出漂亮的成績單，管轄範圍也日益擴大，甚至在父親王永在的推薦下，王文淵自季可渝手中接棒，成為台塑美國JM公司第二任總裁。事實上，當時王永慶原屬意甫挖角而來的台大商研所所長陳定國接掌JM總座。但經集團高層提點，「總裁位置是要留給王文淵的」，搶了位子不但「大阿哥」會不高興，可能也會惹惱王永在。陳定國於是婉辭，退居執行副總一職；王永慶隨即改派王文淵出任總裁。不久，王永在邀宴陳定國，透露對陳定國的感激。由此顯見王永在「望子成龍」的深切期盼。

一親近王家人指出，談起王文淵的管理風格，大家都只談他鐵腕暴躁的性格，但都忽略了他個人對工作的投入程度。「他跟總座有一點很像，很有耐性。他可以為了一個案子跟你坐一整個下午在那邊磨，非常專注地去執行計畫，這是王文洋做不到的。」該名人士舉例，王文淵一開始不懂膠布機，他可以蹲在那邊研究那台膠布機三、四個小時，就是一定要搞懂；「後來他熟到自己設計膠布機，大幅提升產能。」該主管分析，王文淵在管理上有其獨到之處，但他的脾氣確實會導致一些自尊心強的能人無法與之共事，「總座私下就會幫忙安撫，也會提點兒子誰是可以重用的好手，應予以尊重。」

而另一名與王文淵共事多年的主管說，王文淵有個習慣，就是指派一個任務給下屬，當下屬第一次上呈報告時，他會看都不看就打個大X，叫你重做。「就是比較日本式的管理風格，就是逼你從不同角度去處理一件事情，他認為退你兩、三次報告後，最後的版本一定是最嚴謹周全的版本。」

數年耕耘下，王文淵在南亞掌管的業務範圍日益擴大，到了一九八八年，包括有「天下第一部」之稱的南亞工務部、塑三部跟石化專案組都由他督導。其中僅僅是塑三部，從北到南就有六個廠，顯見王文淵當時在集團內如日中天的地位。一集團退休高層指出，持平地以當時表現來看，大阿哥王文淵締造的成績單，是優於太子王文洋。該名高層指出，王文淵的好惡分明、說話直白不留餘地常令人無法接受，「但你不能否認，南亞塑三部或是台化PTA廠，都是在王文淵手中轉虧為盈。」

一九八一年至一九九四年間，集團內部看「大阿哥」王文淵與「太子」王文洋兩人，在事業上頗有較勁意味。九〇年代《雍正王朝》連續劇風靡全台，集團內部人士也私下將王文淵身邊的人事物比作書中的主角，就連王文淵本人也熟讀《雍正王朝》。王文洋雖為王永慶二房長子，但王永慶從小對王文淵、王文潮兩位姪子視如己出，不論是教育上的安排或進入集團工作，王永慶都能一視同仁、沒有差別待遇。但若非王文洋遭罷黜，有野心又有能力的王文淵，頂多也只是稱職的大阿哥，儲君的寶座仍遙不可及。

辦公室遭竊扯陰謀論　王永慶震怒斷絕王文洋回家路

一九九八年六月，南亞董事會後股東會，董事王文洋遭除名。但王文洋在台塑大樓內只要還有辦公室這一席之地，總有重返台塑集團的一線希望。但二〇〇〇年一起王文洋辦公室遭偷竊事件，關上了這扇希望的大門，引爆家族內鬥的陰謀論。王永慶震怒，下令拆除王文洋辦公室，斷絕王文洋的回家之路，等同宣告王文洋從繼承者名單中出局。

二〇〇〇年十月十九日，即將退休的台塑集團總管理處協理簡澤民，入侵王文洋二樓辦公室，偷竊抽屜內的骨董錶。由於王文洋先前已發現外幣失竊，因此祕密裝設監視器，發現偷竊者竟是簡澤民，立即報警處理。簡澤民遭警方逮捕後，第一時間打電話給三娘李寶珠的次女王瑞瑜。王瑞瑜表示，簡澤民希望她能幫忙向公司求情，但王文洋認定此舉剛好證明「偷竊案幕後有黑手操控」。隔日，媒體大篇幅報導偷竊案，台塑王家的家事再度成為媒體關注的大事。王永慶震怒，下令拆除王文洋辦公室。長年跟隨王永慶身邊的老臣表示：「就是單純的偷竊案，但王文洋總認為有什麼陰謀，他這個恨意蒙蔽了他，總覺得自己被迫害，最終也傷害了他自己。」

簡澤民偷竊案究竟有沒有幕後指使者，迄今仍是個謎；就如同經營之神背後的女人李寶珠，究竟是賢妻良母，還是工於心計的大內高手，也是見仁見智。唯一獲得的共識是——三娘確實不簡單，讓企業強人王永慶一輩子離不開她。

二房出局　三房長女王瑞華返台

一名親近王家人分析王永慶的三名夫人：大房王月蘭雖與王永慶相識最早，卻相處最短；二房楊嬌為王永慶生下二兒三女，又陪他走過艱困的台塑草創歲月，但個性剛硬耿直，經常與王永慶爭鋒相對；「三娘懂得以柔克剛，懂得該怎麼跟董座相處。只是這個柔，不是小鳥依人的那種柔弱，比較像是有謀略的柔。」

該名人士指出，李寶珠心思細膩、處事圓融，跟人相處沒有距離，雖然貴為董娘，但常常會注意到小細節，讓人感到窩心。當年台塑美國剛剛成立，台塑派了許多主管赴美駐廠。陪董座王永慶到美國考察的三娘李寶珠，還會特別帶上台灣的醬油跟一些配料，就是要煮一些道地的台灣菜，一解主管們的鄉愁。

一台塑集團退休老臣說，外界對三娘有很多誤解，覺得好像她可以插手台塑集團業務；但事實上，在宴客場合，如果三娘多說句什麼，是會被董事長斥責的。李寶珠為人妻的用心，僅從特別學廚藝來抓住王永慶的胃，即可窺知一二。王永慶後來連宴請政府官員、黨政高層、長庚主管，也都是在家設宴，且還有預算。「在美國，董事長請客每人預算是七美元，因為美國牛肉便宜。在台灣，請客預算約每人新台幣一千元。那個食材都是普通，沒有鮑魚、海參；但三娘可以變出的菜色就是讓人眼睛一亮。」

曾參加王永慶家宴的集團高層說，董娘最厲害的就是她會記得賓客吃什麼或不吃什麼，她會特別做筆記。在台塑大樓內，有人肯定三娘是董座不可或缺的賢內助，但也有人認為三娘手腕了得。一名王家親友說，一些人自稱是「董娘乾兒子」、「董娘好姊妹」在集團內走動，台塑大樓上上下下，從採購部、國外部、停車場管理員到台塑的總機小姐，甚至是一些秘書小姐，都有董娘介紹的人。「誰最清楚董座每天接見什麼人，跟誰通過電話？就是這些秘書、總機小姐。你有聽過總機小姐做到七十歲還在當總機的嗎？」

李寶珠與王永慶所生的四名女兒，不管是在求學或畢業後到集團內服務，都未循二房兄姐或堂兄弟姊妹的途徑。三房的四名女兒在台灣完成高中學業後選擇美國留學，畢業後長女王瑞華就在台塑美國實習，次女王瑞瑜在總管理處，三女王瑞慧跟四女王瑞容則在長庚醫院實習。

一名親近王家親友指出，董座王永慶對三房長女王瑞華相當信任，他曾教訓有世交關係的一名企業家二代，要多跟父母連繫，不可以每次跟家裡聯絡就是為了要錢。王永慶深以王瑞華為傲地說：「阿華的生活費都是自己打工賺來的，她每週寫信給我，都會告訴我她打了什麼工、賺了多少錢，不會跟我要錢。你要多學學。」

一九九〇年一月十一日，王永慶因海滄計畫二度密訪中國消息曝光，避居美國紐澤西州台塑總部。在美長駐一年十個月期間，王瑞華協助王永慶管理台塑美國公司。出生於一九六〇年的王瑞華，大學畢業後就一直在台塑美國的紐澤西州總部。台塑美國副總廖武男退休後，王瑞華接掌副總經理一職，總經理則由台灣的副總經理李志村兼任。

一九九四年，台塑美國德州廠投產。由於時逢美國石化景氣低潮，一投產即虧損連連。王瑞華因非就讀化工專業，對石化領域陌生，眼見公司營運隨石化景氣波動無法處之泰然，再加上非基層出身，對工廠運作能琢磨不多，營運陷入谷底數年遲未改善，深感無力。她多次向母親李寶珠表示辭意，不希望再掌管台塑美國業務。

為此，台塑從台北轉調能力更強的主管曾陳霖赴美協助，但台塑美國營運仍未改善，王瑞華辭意甚堅，主動希望能返台協助父親從事慈善事業。二〇〇〇年，王瑞華卸下台塑美國副總職務回台，一開始在總管理處擔任特助，往返於美國與台灣兩地；直到二〇〇一年九一一事件後，王瑞華才與夫婿楊定一回台定居。

一名曾與王瑞華共事的員工說，一開始王瑞華就是台塑美國的董事長特助，位階不高但權重，在專業上她的歷練不足，主觀意識強烈，「大多數的員工也會因她二代的身分而遷就她，有些老外則會質疑她專業度不足，讓她心力交瘁。」

當王瑞華在美國深受台塑美國營運陷入谷底的困境所苦時，台塑集團史上最大的投資計畫六輕工程，牽動了王永慶與王永在兩大家族在集團內的勢力消長。隨著六輕工程順利完工，站在第一線督軍的總座王永在戰功彪炳，其家族在集團內勢力如日中天。而王永慶二房勢力隨著長子王文洋遭罷黜後，已名存實亡。一九九八年六月南亞董監改選，王洋連僅有的南亞董事頭銜也遭拔除，等同宣告王永慶二房家族已自接班名單中剔除。

然而，此時王永慶三房成員尚未名列接班團隊中。

二〇〇一年七月二十六日，王永慶首度主動對外宣布，由於集團規模日益龐大，因此考慮設置行政中心或決策中心，以「集體決策」模式來接棒。二〇〇二年四月一日，王永慶在總管理處成立行政中心，欽點李志村、吳欽仁、楊兆麟、王文淵及王文潮為小組委員。當時王瑞華僅以特助身分在父親身旁協助公益慈善事業，陪同父親到中國視察希望小學的施工進度。

二〇〇三年十月，王瑞華接下海外事業管理部門，以協理身分接掌該事業部，在企業內嶄露頭角；同年即進入決策小組，行政中心微調成「六人小組」，王永慶三房體系，正式成為台塑集團的繼承者們，與李志村、吳欽仁、楊兆麟、王文淵與王文潮等人同列接班團隊。

從台塑美國到回台接掌海外事業管理部，王瑞華雖未在基層歷練，卻屢屢深受王永慶重用，顯見王永慶對她的信任。而行事低調的王瑞華，也被視為最像王永慶的王家二代。不管是對財富的觀念，或是對慈善事業的熱忱，王瑞華都能完全認同父親的想法，更進一步執行。

一名親近王家親友表示，王瑞華在美國期間就已經跟隨國學大師南懷瑾學習禪修打坐。她可以在極為吵雜的環境，馬上進入禪坐境界，「或許是宗教信仰關係，王瑞華權力慾望不高，她得知有人建議父親王永慶應比照杜邦、洛克斐勒模式來信託資產，以防止其他財團惡意併購時，主動表態支持。」

早在二〇〇五年之前，集團內部即流傳兩位創辦人已將海外資產信託，但沒有人證實這項消息。直到二〇〇九年五月，王永慶二房長子王文洋在美國紐澤西州法院提起訴訟，要求法院指定他為父親王永慶遺產管理人，讓他調查父親全球遺產的情況，並在訴訟狀上附上海外五大信託的資料，才間接證實這流傳已久的傳聞——王永慶與王永在已在海外成立五大信託，將持有的台塑集團股集中信託管理，目的就是讓台塑集團永續經營。

巧合的是，海外成立五大信託的時間介於二〇〇一年至二〇〇五年間，而這段時間剛好是王瑞華返台定居以及掌管海外事業部的時機點，顯示王瑞華對於父親王永慶成立海外信託的概念，不僅限於「支持、認同」，可能扮演更重要的角色。這部分將留到後面章節再詳述。

總裁人選角力　王永慶最終讓王永在作主

二〇〇六年六月五日台塑股東會結束後，台塑發布新聞稿宣布台塑集團世代輪替。「最高行政中心七人小組」成了台塑集團最高決策單位；而所有權方面，王永慶則參考洛克斐勒家族的模式。

洛克斐勒家族的交棒模式是採取「經營權與所有權分離制」。創立標準石油的洛克斐勒家族第一代約翰．戴維森．洛克斐勒在一八九七年六十歲時交棒，未將家族事業的「經營權」交棒給獨子，而是「傳賢不傳子」欽點老臣阿奇博爾德接下權杖。所有權方面，則是將名下持股信託，信託基金如何運作必須經過全體家族委員會的同意，避免原本股權因世世代代繼承而瓜分、稀釋，奠定「經營權、所有權分離」的制度。迄今，洛克斐勒家族已傳承至第六代，成為美國知名的百年企業。

從二〇〇一年王永慶宣布將成立行政中心，到二〇〇六年六月交棒給以總裁王文淵為首的最高行政中心，整整五年時間，王永慶一方面著手在海外成立五大信託，將自己與弟弟王永在間接持有的台塑集團股權信託；另一方面，深受行政中心總裁人選所苦。

在王永慶的原始規劃中，行政中心小組成員是由台塑、南亞、台化、台塑化以及總管理處總經理等五大事業體的領導人出任，全由專業經理人掌舵，王家二代成員不在行政中心內，而是另外籌組家族委員會。行政中心成員定期向家族委員會報告公司重大議案，並溝通決策；行政中心的五名成員位階權力都相同，總裁則由五位專業經理人輪流擔任，不適任即可汰換。

然而，對於阿兄的想法，王永在無法全盤接受。王永在認為「經營權跟所有權分離制」是未來努力的方向，但就現階段來說，整個六輕的興建過程，長子王文淵及次子王文潮皆全程參與，他們兩人雖是王家二代，但也是參與公司運作十幾、二十年的專業經理人，應該要「給他們公平的機會」。

後來，王永慶不排斥「老臣與二代分權共治」的階段性接班模式，但認為應該由專業經理人出任總裁執掌兵符，才能建立制度，落實「經營權與所有權分離」。王永慶甚至私下曾徵詢數人接掌兵符的意願，但大家擔憂在兩位大老闆沒有取得共識的情況下，接下權杖恐將挑起兩家族紛爭而紛紛婉拒。最終，王永慶妥協了——同意由王永在欽點長子王文淵為王家二代掌門人。

二〇〇六年六月五日台塑董事會後，台塑集團行政中心七人小組成員一字排開，首度對外亮相。一國之君王永慶退下舞台，大阿哥王文淵成了新共主，王瑞華、王文潮、王瑞瑜等王家二代成員，與三位老臣李志村、吳欽仁、楊兆麟分權共治，七名接棒的繼承者們宣告，台塑王朝進入集體決策的新時代。

3

後王永慶時代的繼承者們

新聞現場：2008／10／17
地點：長庚大學大禮堂

17日清晨，台塑集團創辦人王永慶的遺體在夫人李寶珠等護送下返台。當靈柩自桃園機場運抵長庚大學靈堂時，王永慶87歲高齡的胞弟王永在老淚縱橫，急忙拄著拐杖從座位站起。家人想攙扶，危危顫顫的王永在怒斥：「不要牽我！」隨著靈柩一步步靠近，王永在神情痛苦，聲嘶力竭大喊：「阿兄啊！」

台塑集團創辦人王永慶於美東時間十月十五日上午九點三十八分於紐澤西州住宅因心肺衰竭驟逝，享壽九十二歲。王永慶此趟赴美視察業務，意外於睡夢中辭世，消息傳回，舉國震驚；台灣半導體教父、台積電董事長張忠謀說，王永慶是一代巨人，「他的逝世，象徵巨人時代已經結束。」

從日據時代一名貧苦茶農之子，到屹立半世紀的石化巨人，王永慶的一生橫跨日本殖民統治、國民政府專制，以及解嚴後的民主開放三個不同時期的政權，前後近一百年，儼然是一部台灣近代史的縮影，紀錄「民進（民營企業發展蓬勃）國退（國營企業）」的私人資本發展之軌跡。能在不同時期的政權，維持企業爆發性成長，成為稱霸台灣石化業的巨人，王永慶憑藉的是靈活的政治手腕、堅毅的意志力以及獨創的管理哲學。

然而，鮮少人知道，巨人的晚年，是憂鬱的。

每晚夜深人靜時，王永慶一人坐在客廳獨飲，憂慮著與弟弟王永在辛苦一輩子打拚出來的王國，沒有人能扛得起。落寞的身影，令女兒王瑞瑜看了難過。二〇〇九年五月，王文洋於美國遞狀，開啟海外訴訟的第一槍；我在同年六月底專訪王瑞瑜，問她：「您父親王永慶晚年，對於家族狀況是否有遺憾？」王瑞瑜停頓數秒後說道：「這個我不能幫我父親回答，但以人之常情，父親總是望子成龍、望女成鳳。」

望子成龍的王永慶，在高齡近八旬時下令「罷黜太子」，其心中的苦楚，可想而知。自此之後，王永慶一心苦思台塑集團該交付給誰？誰又能落實他心中擘畫的願景，讓台塑集團永續經營？

經營權共治　所有權信託控股

二〇〇〇年後，王永慶與王永在著手布局，以「經營權共治、所有權信託」兩主軸交錯，奠定「永不分家」的基礎。在「經營權」上，王永慶欽點三位老臣及四位王家二代王文淵、王文潮、王瑞華以及王瑞瑜等人籌組「決策中心七人小組」，分權共掌集團業務；「所有權」則採「信託控股」，將龐大股權於海內外設立信託。兩人總計十七血脈子嗣，無人可從海內外信託中分得一毛遺產。台塑最高顧問李志村指出，董座王永慶向來認為把錢留給小孩對小孩不好，甚至曾說過：「我的小孩很不幸，有一個有錢的爸爸，小孩就沒有努力目標。」

所有權的規劃，最早可追溯至一九七六年財團法人長庚紀念醫院的成立，往後三十年，兩人於不同階段透過「創辦的醫院與學校來加碼自家股票」、「海外成立五大信託」以及「成立國內公益信託」等三種方式，將目前市值逾八千億元的持股予以「信託、控股」，確保「股權永不分散、集團永續經營」。

第一階段始於一九七六年，當年王永慶與王永在為了紀念父親王長庚，並一改國內種種醫療亂象，決定捐贈手中絕大多數的台化股權，成立財團法人長庚紀念醫院。長庚醫院成了台化最大股東，持股比一度逾三〇%。李志村說，雖然國內有許多財團如國泰、新光等也籌辦醫院，但資金通常是母集團作擔保向銀行借貸出來，不像兩位創辦人這樣一口氣捐贈那麼多股票，「因為兩位創辦人著眼的是永續經營，即使沒有任何捐款，光靠每年的股息股利這穩固的財源收入，長庚醫院或長庚大學都可以永久營運下去。」兩位創辦人原是無心插柳的純公益捐贈，後來發現公益之餘還可節稅，於是便將每年配發的股息股利撥出一定比例捐贈，包括一九八六年成立的長庚醫院學院、一九九五年八月成立的王詹樣社會福利慈善基金會，都是兩人出資或捐贈股票成立的。

長年累月下來，不管是長庚醫院、長庚大學或明志科技大學，自身所持有的股票所配發之股息股利複利效果，讓這幾個文教醫療單位手握的閒置資金越來越多，也回過頭來購買台塑、南亞的股票。二〇〇〇年後，王永慶決定比照洛克斐勒家族的經營權與所有權分離制度，讓台塑集團邁入百年企業，便著手啟動第二階段的股權布局。

在海外，二〇〇一年至二〇〇五年間，王永慶與王永在相繼將海外投資公司所持有的股票分別成立五大信託，目的就是讓台塑集團永續經營，並由王文淵等五人小組管理。據王文洋於二〇一三年的香港訴訟狀中粗估，海外五大信託的市值約達一百七十億美元，估計持有台塑四寶股權高達一九%，其中僅百慕達四大信託就高達一百五十億美元（五大信託成立過程將於下一章詳述）。

在國內方面，除了長庚醫院陸續處分台化持股，轉而加碼台塑、南亞及台塑化等其餘三寶外，王永慶與王永在兩兄弟在國內所成立的四大公益信託／慈善基金會以及創辦三所大學，也不斷加碼台塑四寶持股。尤其二〇〇四年總統大選後台股重挫，台塑集團大舉逢低進場，下令台塑四寶及長庚醫院總計斥資四二八．五億元，交叉加碼四寶股票。如今，長庚已是台塑三寶第一大股東、台塑化第四大股東，手握四寶股權逾市值兩千億元。眾所周知，長庚醫院宛如台塑集團的控股中心，但實際上，四大公益信託／慈善基金會以及創辦三所大學，各自持有台塑四寶數萬張股票，宛如七個「小長庚」；合計此四大公益信託、三所大學所持有台塑四寶股權的市值逼近一千兩百億元（見附錄「七小長庚資料表」）。

不論是海外五大信託所託管的台塑四寶股權，或是國內透過四寶交叉持股、長庚以及七個「小長庚」所持有集團股票，王永慶布局的目的，都在建立一道道防護牆，將台塑集團股權集中掌控，降低在外流通股數，以防範未來可能發生的經營權爭奪戰。

而這海內外總計近八千億市值、足以號令台塑天下的「信託控股」兵符，掌握在誰手中？

「信託控股」兵符　交棒王永慶三房家族？

在海外五大信託，雖然王文淵、王文潮、王瑞華、王瑞瑜四人與大掌櫃洪文雄同為五大信託管理委員會委員，但管理委員會的代表人是王瑞華。在國內，二〇〇六年六月台塑集團世代輪替，兩位創辦人全面淡出台塑集團四十多家相關企業營運，交棒給以總裁王文淵為首的最高行政中心七人小組；四個月後，王永慶決定卸下長庚大學、明志科技大學以及長庚技術學院等三家大學董事長職務，交棒給三房長女婿楊定一。

同一時間，總管理處也上呈一只公文給創辦人王永在，是台塑集團「金脈」——長庚紀念醫院董事長將由楊定一接任的人事案。總座王永在當日原本簽署核准，但隔日到長庚球場打球時，越想越覺得不對，回到公司追回公文。據某知悉內情人士透露，當時王永在怒擲公文，質疑：「王長庚是我爸爸，這間醫院是為了紀念他才成立的，董事長怎麼可以不姓王？」但得到「這是您阿兄跟阿嫂的意思」的答案。王永在回道：「我回去跟阿嫂說，安捏袂使（這樣不行）！」才擋下此人事案。最後，長庚醫院董事長仍由王永慶出任，化解了這一起茶壺裡的風暴。

對於這起「長庚董座事件」究竟是否為王永慶所下令，內部說法不一。認為此事件應非出自王永慶本意的人分析，王永慶晚年鮮少簽署公文，有些事情若「刻意沒讓他知道」，也不是不可能。其次，王永在幾乎天天都去阿兄王永慶家裡吃飯，週日也共進午餐，午餐會後兩兄弟會在房間裡「溝通」所有事情。該位人士透露：「如果這件事情真的是董座王永慶所指示，兩兄弟一定會先講好拍板後，才下令總管理處上呈公文。向來以兄為尊的總座，也一定會心甘情願地簽署核准。」但從王永在震怒來看，王永慶應從未知會王永在，「這麼大的事情，阿兄都沒跟弟弟商量一聲就決定？這不是董座的行事風格。」

但認為王永慶事先安排楊定一接掌長庚董座的人則認為，這麼重要的人事命令，沒有董座王永慶親口下令是不可能異動的，「那麼大的事情，誰敢假傳聖旨？」況且早年楊定一的母親在長庚醫院就醫時因醫療疏失而辭世，這件事情王永慶一直覺得對女婿有所虧欠；再者，楊定一也是學醫出身，確實是出任長庚董座的好人選。因此董座欽點楊定一接棒不無可能，若將此事歸咎為董座不知情，未免過於陰謀論。

然而，不管事情的真相為何，目前兩位創辦人都已辭世，真相恐無水落石出的一日。王永慶辭世後，長庚紀念醫院董事長由王永在接任，儘管後面有兩年時間王永在都無法執行職務，但長庚董事會仍未改選。直至二〇一四年十一月二十七日王永在辭世後，長庚董事會在十二月三十日改選，推舉王永慶三房李寶珠接掌長庚董座，成為長庚成立近四十年來，首位非王姓的董事長。二〇〇六年迄今時隔九年，宛如台塑集團「控股中心」的長庚醫院兵符，最終還是回到了王永慶三房家族手中。

第一代凋零　老臣與王家二代分權共治

隨著王永慶辭世、王永在退居幕後，台塑集團創業第一代凋零，取而代之的，是由王文淵率領的最高行政中心七人小組，採「老臣與王家二代分權共治」的集體決策模式。三位老臣也深知兩位創辦人的深厚期許，在最高行政中心開會時，若遇有不同意見，能不畏王家二代的身分而直諫不諱，甚至擋下部分王家成員的人事請託，拒絕讓不適任的王家成員升任高居要職。

一次，阿茲海默症已日益嚴重的創辦人王永在，突然為了二房長子王文堯人事案找來一名老臣。該名老臣進入王永在辦公室時，只見二房周由美坐在一旁，王永在開誠布公要求讓王文堯頭銜「更上層樓」。但該名老臣表明：「重大人事案都要經過七人小組討論，並非我一人能決定。」周由美十分不滿，王永在也跟著勃然大怒，要求「照這樣簽」；但該名老臣認為，按照王文堯的資歷，若再進一步升遷恐遭「名過其實」的非議，不願動搖立場，最終擋下了這起人事案。

另一名知悉內情人士透露，當時總座的阿茲海默症病情已相當嚴重，許多人事物都已錯置，「早上跟他報告過的案子，到了中午，他會很生氣地問你『為什麼都不跟我報告？』到後來，總裁也只能下令，所有公文都以總裁簽過的為準，就是不希望有人趁機取巧。」就連面對王永在二夫人的人情壓力，老臣們也敢抗命，關鍵就在於他們對台塑集團的感情，在於創辦人王永慶對他們寄予的厚望。

鮮少人知道，王永慶辭世後，三位老臣李志村、吳欽仁與楊兆麟曾於二〇〇九年間向總裁王文淵及副總裁王瑞華請辭，三人認為自己年事已高，應交棒給中生代的專業經理人。但王文淵與王瑞華認為，創辦人王永慶甫辭世，且當時台塑集團面臨金融海嘯衝擊，內憂外患之際，希望三位老臣可以留下來協助台塑集團度過危機，最後三位老臣接受慰留。後來七人小組同意於二〇一五年前訓練出適當的接班人選，讓台塑集團能進入專業經理人全面治理的時代，以完成兩位創辦人心中的完美布局。

不同於王永慶時代的「大家長式領導風格」，七人小組決策以集體諮商為主。雖然成立九年以來從未動用表決權，但不代表最高決策中心委員沒有歧見，王家二代成員間的隔閡日益擴大。一高層分析，王家第一代的相處模式並不適用於王家第二代，因為總座王永在對董座王永慶，可說是絕對的服從。極少數案例是總座會堅持，在那種情況下，董座就會讓步。「但總裁王文淵個性剛硬、喜怒鮮明，副總裁王瑞華外柔內剛，兩人相處摩擦不少，那種默契無法跟第一代相比。」

福懋入股台塑越鋼　引爆王文淵、王瑞華衝突

就在王永慶辭世的一年後，福懋興業入股台塑越南河靜鋼廠投資案，意外讓王文淵與王瑞華間的扞格，首度浮上檯面。

二〇〇九年十二月二十九日，福懋興業公告，將以一．三四億美元，取得台

塑越南河靜鋼廠四．九六三%的股權。原以為整起投資計畫已底定，未料到二〇一〇年二月，卻突然傳出集團內有意再度微調股權，微調的關鍵，據傳是副總裁王瑞華不認同由福懋出資入股台塑越鋼計畫。據悉，王瑞華認為父親王永慶生前指示，海外的投資事業以台塑四寶為投資主體，既然外部股東達豐鋼鐵有意出售股權，也應該由台塑四寶均分加碼認股，或是由主導整起投資計畫的台塑吃下持股，成為第一大股東；對於福懋「突然殺出成為越鋼股東」，大感意外。

一知悉內情人士透露，王瑞華當初認為，福懋興業投資台塑越鋼的計畫屬重大投資，不應草草決定；更何況身為副總裁的她當時人在美國探親，福懋入股越鋼的公文，她連看都沒看過，整個案子就「略過」她，直接送到總裁王文淵桌上。核准下來的版本又違反原則，因此王瑞華要求「福懋入股越鋼計畫應撤回，改由台塑出資認股」。

對於王瑞華的連番質疑，王文淵據說頗不以為然。身兼福懋與台化董事長的王文淵無法理解，為何福懋不能投資台塑越鋼計畫？況且全案經由他簽署核准，豈有總裁簽署核准的公文不算數的道理？但對於王瑞華「以父之名」要求全案撤回，王文淵情感上也無法反駁。於是在二〇一〇年初的農曆年節前夕，他丟下一句：「那就叫台塑簽上來。」等到台塑真的上呈吃下福懋手中台塑越鋼的持股公文後，過了一個農曆年，一切又船過水無痕。台塑簽上去的公文再也沒回來，福懋入股台塑越鋼案，拍板定案。

對於集團內傳聞「總裁與副總裁意見不合的福懋事件」，台塑高層不願證實，僅以「年代久遠忘記了」回應。向王文淵求證此事，王文淵說：「我沒有聽說副總裁有意見。如果有的話，頂多也是她私下說福懋幹嘛要投資越鋼？應該沒有反對。」王文淵說，最早越鋼投資案只有台塑一家投資，因為是台塑所研究的投資計畫，後來他發現投資金額過於龐大，建議應由四大公司出資興建，「現在回過頭來看，若當初真只有台塑一家投資，應該會噎到（意指無法順利進行）。」王文淵強調，如果副總裁真的反對福懋入股越鋼，就會打電話，問他福懋要投資越鋼的考量是什麼，「但我沒有聽到她反對。」

一名老臣則說，這案子他不清楚，但拿第二代相處情況與第一代相比實不公允，「他們四人是堂兄弟姊妹，不是親兄弟姊妹，關係不同，情況也複雜多了，但最起碼，在我們老臣面前，他們四人也不曾公開吵過架。到現在二代都接班已經進入第十年了，還能維持第一代的理念——台塑集團永不分家，這點已經很不容易了。」

確實，放眼台灣近一百年的企業發展史，找不到如同王永慶與王永在這樣的最佳拍檔。不論是台泥辜家、新光吳家、國泰蔡家等台灣幾大家族，樹大自然就分枝，能一心朝向「永不分家」目標邁進的，也只剩下台塑王家了。

王永慶是永遠的夢想家、王永在是最忠誠的執行者，兩人分工明確、彼此尊重。在管理制度建立領域，王永在絕不會多說一句意見；在六輕工程進行過程，王永慶絕對授權，不過問細節。唯一起過爭執的發電設備採購項目，最終兩兄弟各退一步，化解歧見。兩兄弟永不分家的信念，始於早年生活的困頓，走過「同甘苦」的創業期，中年度過「共享福」的巔峰。數十年來，王永慶兄弟能做到不分你我，晚年也共築一個願景，就是讓台塑集團永續經營。

不曾經歷父執輩幼時生活的困苦以及創業期的艱辛，王家二代繼承者們難以達到父親們那般純然的信任與服從。王永慶與王永在分工精細，兩人專業各自不同，培育子女的專長、訓練不同，造就了四位王家繼承者們各自不同的性格，四人間少了絕對的信任與服從，共掌經營權的摩擦，與日俱增。

王瑞華專注財務管理　缺乏化工背景

一名與王家成員熟識的集團主管指出，董座王永慶原本就著重於制度建立與財務管理，鮮少涉及廠區營運面；三房長女王瑞華與次女王瑞瑜又分別就讀美國Barnard學院經濟系以及美國紐約大學會計系，在財務專業的學經歷完整，但缺少化工、工程背景，難以駕馭一些石化專業度高、自尊心強的主管。

一九八〇年代中，一次德拉瓦州廠因故遭州政府勒令停工，鎮守紐澤西州總部的王瑞華知道後，打電話要求曾出任德拉瓦州廠廠長的德州廠外籍主管前往支援，但該名外籍主管卻「不甩」王瑞華。王瑞華氣憤難耐，打越洋電話給另一位台籍主管抱怨。該名台籍主管半夜接起王瑞華電話後，趕緊打電話給外籍主管，發現外籍主管其實人已經在機場了。他沒有怠忽職守，只是態度上比較抗拒；最後，該名主管也離開了台塑美國公司。

一九九〇年台塑美國德州廠展開第一次擴建案，斥資十九億美元向上游整合到乙烯廠興建，創辦人王永慶在台灣擘劃多年的上下游垂直整合石化園區，隨著乙烯廠於一九九三年投產，率先於美國圓夢。雖然王瑞華當時在台塑美國公司服務已滿十年，但由於王瑞華向來鎮守於紐澤西州的台塑美國總部，鮮少到第一線的德州廠了解實際運作，無法深入操作面或營運面的細節，單就營運數字管理，難免會遇到一些盲點。

一親近王家人指出，石化廠的營運深受石化景氣循環牽動，在景氣低點，只要公司營運方向正確，不需要太在意公司營運低潮。但王瑞華是財務出身，侷限於數字管理，會因公司短期虧損而深感挫折，在管理上也會給下屬很大的壓力。該名人士指出，就像現在全球鋼鐵景氣低迷，台塑福建的福欣鋼廠一投產就虧損，一年虧損數十億元，副總裁就很緊張，常常開會天天盯。但鋼鐵廠跟石化廠不同，石化廠一投產即可滿載生產，鋼鐵廠因為生產過程是高壓高溫，稼動率必須慢慢提高才行，所以損益兩平的時程較慢，福欣鋼廠剛好又在轉型改生產附加價值較高的四百型不銹鋼產品，需要時間來調整。「這種情況，主事者只要確定方向正確，就不要太在意短期虧損，畢竟光是急，也解決不了事情。」

而一名集團高層指出，副總裁自知自身管理上的瓶頸，也很想突破，想主導新事業投資布局，還特別把已從台塑離開的前主管又找回鍋做投資計畫，但還是摸不出頭緒，「畢竟一個投資計畫金額那麼高，如果領導人自己不跳下來帶頭研究，受雇的人也不敢輕易決定。」此外，新創事業的人才難尋，必須要對產業有一定熟識程度，又能不斷吸收新知來尋找新的投資機會。該名高層表示：「領導人要能容忍下屬犯錯的機會，太過著重在短期盈虧，會讓主管卻步，不敢貿然嘗試新事業。」

而相較於王瑞華與王瑞瑜在財務方面的專業，王永在長子王文淵及次子王文潮則受父親影響，較專注於機械、工程領域。兩兄弟在英國完成學業後，也銜命赴波多黎各蓋廠、美國JM公司改善計畫，最後返台進入台塑集團，在石化領域歷練完整。其中，王文淵是王家二代成員中在集團資歷最為完整的，但他好惡分明、性格急躁的個性，常讓下屬噤聲，即使發現錯誤也不敢說。

王文淵脾氣暴烈　員工心生畏懼不敢諫言

事實上，從王文淵早期在南亞塑三部出任經理時，內部就已有不成文的規定，「不論大阿哥說的是對或錯的，在他面前，就只有點頭的份，任何人都不可說出一個NO。」一九八九年某一日，時任南亞經理的王文淵接到董事長王永慶從美國傳來一份傳真。上面寫道有意將台塑美國的某一石化廠遷到另一州生產，目前已覓得一年十萬公噸的「原料」，因此要王文淵研究，剩下不足的原料該從東南亞市場購買或歐洲補足。王文淵收到傳真後，十萬火急找來主管下指令，並交代要以特急件處理，才能讓人在美國的王永慶於就寢前得到資料。

然而，由於當時王文淵錯誤解讀傳真的內容，因此下的指令變成「石化廠的『成品』設計產能，從十五萬公噸減為十萬公噸」。收到指令的主管召集十多名一、二級主管開評估會議，發現王文淵錯誤解讀王永慶的傳真內容，但又不敢直接向王文淵指出錯誤。一群人熱烈討論後，決定「依大阿哥錯誤的指示，來進行全案的Study」。一名初進公司的同仁問道：「為何不能把錯誤解讀這件事當面告訴大阿哥？」結果立即遭到十多人圍剿：「任何人在Boss面前搖頭或是說了NO字，都同樣是死路一條呀！」

就這樣，一群人針對錯誤的指示研擬評估計畫，但因石化廠的產能設計縮減相當複雜，還涉及多項跨國合約條款的變更，使得評估計畫相當棘手。兩小時內，王文淵四度急召，都未能滿意小組評估報告。直到最後，點名新進員工向王文淵報告。新進員工抱著必死的決心，告知錯誤解讀的真相。王文淵當場跳起來，並要他「講清楚、說明白」。該位員工解釋王永慶傳真的正確內容，並說「若是單純的尋找不足的原料貨源，那只需要十分鐘的時間即可擬妥覆函的文稿。」此後，該名新進員工就被冠上「Mr. No」的封號。

一位曾與王文淵共事多年的集團高層認為，王文淵識人能力不錯，會晉用一些有才幹的人；但他脾氣暴烈，一些自尊心較強的主管就走了，「領導人應該要恩威並濟，只懂得以威脅恫嚇方式管理，恐怕挽不住人心。但他接總裁後，個性有明顯改善許多。」

王文淵威脅恫嚇的管理風格，名震台塑大樓。例如，從辦公室出來看到同仁桌上亂七八糟，要扣錢罰款；要求台化同仁不能隨意離開辦公室抽菸、聊天或買早餐，違者部門主管提報議處。就連上班時間蒸便當也被視為異常，遑論員工失誤出錯，養成內部「報喜不報憂」的文化。

退休主管談王文淵：「你看過他的溫暖，就不會覺得他脾氣差。」

但一名退休主管則認為，王文淵雖然性急時說話口氣差，「但他其實很善良，不會見高攀、見低踩，是耿直的性情中人。」該名主管舉例說，當年王文淵從南亞塑三部經理轉任台化當協理時，要搬到後棟二樓的台化辦公室，因此請人稍微整修一下。油漆剛漆好沒多久，他就搬進去並召集主管們到他辦公室旁的會議室開會。

結果一群台化主管走進擺了一堆鳳梨頭以去除油漆味的會議室後，立刻摀著鼻子跑出來，直說油漆味那麼嗆怎麼開會？結果被走進會議室的王文淵聽到，他不滿地說：「你們不能聞油漆味？人家做工的人天天都聞油漆味，你們就不能聞油漆味？」立即要大家不要推拖，快進會議室開會。會議上，王文淵丟出幾個問題，台化主管們無法給出答案，王文淵斥責「沒有準備就來開會」，要大家下次準備好再來開會。

另一次讓台塑集團主管們見識到不同面貌的王文淵，是視察六輕工程的巧遇。當時六輕工程緊鑼密鼓趕工中，大大小小工程同時發包，主管們疲於奔命。有位叫阿順的小工頭承攬六輕行政大樓的員工餐廳，相較於其他大工程，這承包案相對不重要，疲於奔命的主管們對阿順的態度不佳、業務上也多所挑剔。一日，王文淵到六輕視察工程，順道到行政大樓看一下員工餐廳的施工進度；一看到阿順，便趨前寒暄問了一句：「你怎麼在這？」

向來不苟言笑的王文淵，竟然一屁股就坐在灰塵滿布的工作台上，阿順將自己抽的白長壽菸遞給王文淵，向來抽三五的王文淵也隨手抽了起來。兩人熱絡地閒話家常，陪王文淵視察工程的六輕主管們目瞪口呆，才知道原來阿順曾幫王文淵裝潢辦公室，也為自己先前的「不識泰山」而嚇得一身冷汗。

別人眼中的小工頭，王文淵視為朋友，以禮相待；別人眼中的貴客——政府欽點整合DRAM產業的企業家，王文淵則話不投機半句多。二〇〇九年，金融海嘯衝擊全球經濟，台灣DRAM產業搖搖欲墜，成了急待政府出手援救的「慘業」，經濟部欽點與日本爾必達（Elpida）關係良好的聯電榮譽副董事長宣明智出面，出任台灣記憶體公司（TMC）籌備召集人，主導台灣DRAM產業整併計畫。

國內DRAM技術來源可分為兩大陣營，台塑集團的南亞科是與美國美光（Micron）合作取得DRAM技術，而力晶、瑞晶則與日本爾必達策略聯盟。因此，宣明智將從爾必達與美光兩大技術廠商擇一，以進行台灣DRAM廠商整併計畫。為此，宣明智於二〇〇九年三月十七日拜會王文淵，希望能說服原本與美光攜手合作的南科與華亞科，轉向加入爾必達陣營。

王文淵率領當時南亞科董事長吳欽仁、華亞科總經理連日昌、南亞總經理吳嘉昭接見宣明智。寒暄致意後，王文淵表示DRAM是由吳欽仁等專業經理人負責，因此建議宣明智應先與吳欽仁等人交換意見。但宣明智一句「我不跟他們談」，聽得王文淵傻眼，隨即不悅地反問：「你不跟他們談？那我不懂，你今天來做什麼？」雙方一言不合，大家站了起來走出總裁會客室，會議草草結束。

據知悉內情人士透露，台塑集團的企業文化向來就是只要談到專業技術性問題，老闆一定會讓專業經理人在場了解，從兩位創辦人時代就是如此。「不管老闆多內行，一定都會叫幕僚來聽，這是尊重專業。宣明智當著台塑專業經理人的面說『我不跟他們談』，是非常不應該，踩了台塑集團的紅線。」

一名長年跟隨王文淵的退休主管說：「很多人說他脾氣暴躁，但你看過他的溫暖，你就比較能理解他。」確實，在王文淵不到三坪大的總裁會客室內，擺在最靠近辦公室入口的，是一只半個人高的雕花瓷器，上面印有「王經理惠存　恩澤永傳」，署名是「南亞嘉義廠贈」，時間是一九九一年一月二十六日。從當年的王經理到現在的王總裁，當年基層員工贈送的一只瓷器，伴隨王文淵迄今足足二十五年。禮輕情意重，王文淵清楚也珍惜。是性格剛烈或是內心柔軟，端看你所接觸的，是哪個面向的王文淵。

王文淵主政　揮刀改革總管理處

在後王永慶時代，王文淵一步步接掌最終核決權；而台塑集團幕僚單位總管理處，也直接歸王文淵管轄。王文淵主政時期與王永慶時代最明顯的不同，即是對總管理處的重視程度。王永慶一手創立總管理處，重視也仰賴總管理處的稽核跟建議，讓總管理處在台塑集團內有「紅衛兵」之稱。總管理處在王永慶時代光芒萬丈，但在王文淵主政時期則相形暗淡。

台塑集團可分為台塑、南亞、台化及台塑化等四家公司和總管理處，總計五大事業體。在王永慶時代，不論升遷、內部考績或每年的特別獎金，總管理處不是第一就是第二多；王永慶對總管理處的重視程度，總令其他事業單位眼紅，私下不是戲稱「東廠」就是「紅衛兵」。

但在王文淵主政時期，總管理處不似以往，每年升遷案或特別獎金發放，頂多都是第三名、甚至居末位。其關鍵在於，王文淵熟稔實務操作流程，總管理處稽核人員的製程改善計畫，不足以讓他信服。王文淵質疑，總管理處對第一線廠區運作不熟悉，一些建議僅是事後諸葛。他甚至曾在總管理處的暮年會場合，直接吐槽總管理處的績效表現不彰；最後總管理處副總經理王瑞瑜上台「精神喊話」，要所有總管理處同仁「明年表現給總裁看」。

王永慶花了十多年建立電腦化系統，為台塑集團管理奠下厚實根基。但另一方面，王永慶重情、重義，許多屆齡的資深主管還不能退休；況且王永慶不退休，一起打拼天下的老部屬也沒人敢退休。無形之間，讓台塑集團管理階層年齡老化，中生代升遷受阻；甚至有主管要退休，還被王永慶痛罵「我都還在工作，你是在退什麼休」而打退堂鼓。

從台鹼挖角而來，任職台塑台麗朗部門的經理黃乾相，在屆滿六十五歲後，即向董事長王永慶表達退休之意。沒想到王永慶看到簽呈後，撥了分機給黃乾相，要他「來談」。黃乾相一進辦公室，就被王永慶訓斥了一個小時；只好打消退意，轉任顧問。又隔了兩年，黃乾相一心退休，連顧問頭銜都不願再兼任，只希望能好好利用晚年，過過閒雲野鶴的生活。結果王永慶看到簽呈，又撥分機給黃乾相；這次沒人接電話。王永慶於是打電話問李志村。李志村說：「他怕你打電話罵他，所以今天連班都不上了，請假一天。」最後，王永慶終於首肯，讓黃乾相退休。

在台塑集團內部，一個組長當了十年的例子比比皆是，導致內部瀰漫「會老不會大」的特異文化。最經典的案例即是，鴻海集團曾以數億元的代價挖走一名台塑集團總管理處的營建部主管，要求他在一定期限內蓋完新廠，並開出「蓋廠前付訂金、蓋廠後馬上付清所有款項」的條件。該名主管到鴻海工作三年，完成蓋廠拿到九位數的酬勞後，快樂地退休了。

王文淵上任後接掌的台塑集團是老態龍鍾的，相較於中國幾乎都是五十歲左右的中生代當家，王文淵一心為台塑集團的未來發展憂心，因此決定大刀闊斧改造，嚴格執行年滿六十五歲的主管退休，讓經理人能世代輪替，以因應二〇一五年專業經理人全面接掌台塑集團之規劃。

王文淵四階段推動專業經理人世代輪替

一名親近王家人指出，早在二〇〇九年，七人小組成員就有意朝著已故創辦人王永慶期許的未來邁進——全面交棒給專業經理人，落實經營權與所有權分離制，以期台塑集團永續經營。二〇一〇年，七人小組成員不僅在會議上討論，還無異議達成「二〇一五年王家二代與三位老臣全面退出第一線經營」決議。為求慎重，行政中心指示將此決議訴諸文字，所有行政中心委員王文淵、王瑞華、王文潮、王瑞瑜、李志村、吳欽仁及楊兆麟等七人，全都在公文上簽名，同意屆時卸下台塑四寶公司董事長職務，全面交棒給專業經理人。

為了能一步步邁向全面交棒給專業經理人的目標，王文淵也啟動接棒布局，分四階段來加速培訓專業經理人的接班進度。第一步，就是嚴格執行台塑四寶主管屆滿六十五歲即退休的制度，讓中生代專業經理人得以升遷。短短兩年內，台塑四寶就退了數十名中高階主管。

王文淵改造的第二把劍則揮向總管理處。為了避免球員兼裁判，總裁王文淵要求「總管理處不得督導業務單位」，而原任南亞光電董事長的王瑞瑜也率先卸下董事長職務，由台塑化董事長王文潮兼任，以建立典範。

台塑公司二〇〇九年十二月初公告兩名經理級主管升遷案，正式揭開台塑集團第三階段的轉型。隨著台塑四寶不少中、高階主管屆齡退休，管理階層出現不少空缺，當時台塑與台塑化都只有一位協理，四大公司也都沒有任何一位副總經理。二〇一〇年初，台塑集團內部晉升制度調整，所有經理級主管皆升任為副總經理，協理級主管再區分為資深副總以及執行副總；同時拔擢中生代幹部，升任為副總經理。直至三年後，台塑四寶的專業經理人接班團隊才慢慢俱全。

而二〇一〇年七月至二〇一一年七月此一年間，六輕一連發生七起工安事故，也意外加速了接棒布局。

二〇一一年七月三十日凌晨，台塑化再度發生起火意外。當日清晨，台塑化董事長王文潮決定負荊請罪、引咎辭職。九點不到，行政中心會議召開，王文潮表達請辭董座一職務，以向社會大眾交代，總裁王文淵原有意慰留，但王文潮辭意甚堅。面臨「自家人不幹了」的處境，王文淵相當苦惱，一時間難以找到適當人選接下台塑化這燙手山芋，最後在李志村的推薦下，自中油退休的前總經理陳寶郎出線接掌台塑化，台塑化成為四寶中首先達成專業經理人治理目標的公司。

而台塑集團最高行政中心七人小組也因此微調，除了陳寶郎以台塑化董事長身分進入行政中心外，二〇一〇年十二月自王文淵手中接任台塑越南河靜鋼廠董事長的林信義也同樣名列其中，使得七人小組增至九人小組。

二〇一三年初，南亞董事長吳欽仁因妻子健康需要人照料為由，向九人小組表達退休之意。幾經慰留不成後，吳欽仁在六月的南亞董監改選上卸任，僅續任南亞董事，交棒給南亞總經理吳嘉昭；吳欽仁在九人小組的席次也由新任董事長吳嘉昭遞補。吳欽仁交棒後，李志村也於二〇一四年萌生退意，成為第二位請辭退居幕後的老臣；但總裁王文淵與副總裁王瑞華慰留，希望他能待二〇一五年台塑、台化與台塑化三家公司董監改選時，再同步交棒。不久後，台塑副總林振榮、南亞副總鄒明仁與台化副總黃棟騰升任為執行副總，台塑三寶的總經理接班人選拍板，為專業經理人世代輪替的最後階段做準備。

二〇一五年，時程進入台塑集團接棒布局的第四階段——王家二代成員與三位老臣全面退居幕後，台塑四寶董事長將由非王家人接掌，開啟台塑集團進入經營

李志村（右）於2015年卸下台塑董事長一職，交棒給林健男（左；攝於2014年台塑股東會）。

權與所有權分離的新時代。原以為六月的台化與台塑股東會中，王文淵與李志村、楊兆麟等行政中心委員將退居幕後，王文淵會卸下台化董事長，總經理洪福源接棒升任為董事長，而李志村與楊兆麟則同步退休轉任顧問，台塑總經理林健男接掌董座，結束長達九年的「王家二代與老臣分權共治」的過渡時期。

然而，計畫趕不上變化。二〇一五年李志村與楊兆麟紛紛按既定規劃退休轉任顧問，王文淵在一連缺席台塑四寶股東會後，意外地於六月二十九日台化新任董事會議中，經洪福源推舉「續任」台化董事長，跌破外界眼鏡。王文淵續掌台化，延遲了「台塑四寶由專業經理人全面治理」的布局。交棒布局離創辦人王永慶生前所規劃「經營權與所有權分離」的目標，仍充滿變數。

4

王文洋越洋訴訟，
王永慶海外五大信託曝光

新聞現場：2009／8／13
地點：紐澤西州法院民事訴訟庭

台塑集團已故創辦人王永慶二千四百多億元遺產聽證會，於美國時間13日上午十時在紐澤西州法院召開。繼王永慶二房長子王文洋遞狀聲請指定他為遺產管理人後，王文洋的胞弟王文祥也向該法院遞狀，請求調查釐清父親海外所有資產，並同時聲請法院指定他為遺產管理人。

二〇〇九年八月十三日上午九點多，在紐澤西州艾塞克斯郡的初審法院前，聚集了近二十名台灣記者，引來法警的關注。法警前來詢問：「為什麼擠了這麼多媒體」？我跟這名白人法警解釋，台灣富豪王永慶之子王文洋在父親辭世後，到紐澤西州法院遞狀，要求法院指派他為遺產管理人並賦予他調查權，以清查父親在海外高達七十億美元的資產情況。法警愣了一下，想確認是「七十億美元或七百萬美元」；還沒來得及回覆，今日的主角王文洋就從一輛廂型車下來了。旁邊除了幾名外籍保鑣，還有與王文洋育有一子的女友呂安妮。

為了這一天，王文洋早在父親王永慶辭世前三年，就已做好準備。

一存證信函、一訴訟狀　打開潘朵拉的盒子

二〇〇八年十月十五日王永慶於美國辭世，不到一個月的時間，王永慶三房成員收到存證信函，要求公布王永慶名下海內外所有財產。外傳存證信函是王永慶二房長子王文洋所寄。十一月二十五日，王文洋出席公開活動時，首次證實有

此存證信函，但強調：「存證信函不是我寄的，是大房王月蘭所寄。」三天後，台塑集團創辦人王永在在長庚球場得知「有人要分家產」，憤怒地說：「我還在！是要分什麼？這是我跟阿兄打下來的江山，是要分什麼！」

然而，早已於二〇〇八年六月十六日經長庚醫院確診為失智症的王月蘭，如何能在五個月後突然「決定寄出存證信函」，成了王家親友的共同疑惑。隔年，答案揭曉。

二〇〇九年五月十三日，王文洋以王永慶遺孀王月蘭的代理人以及王永慶長子的雙重身分，向美國紐澤西州法院遞狀。在王文洋遞交的這份訴訟狀中，要求法院指定他為父親王永慶遺產管理人，並賦予他調查與搜證權（discovery），以釐清王永慶全球海外遺產的狀況。

原來，早在二〇〇五年八月二日，王文洋即取得王永慶大房王月蘭的授權狀，可處分王月蘭名下所有財產，包括所有動產、不動產的贈與、買賣契約的簽訂等處分，涵蓋未來將來可繼承之財產，同時也同意王文洋代為簽名、用印；授權範圍之廣，相當罕見。換句話說，不管名義上是王月蘭或王文洋，真正實際操盤、主導整個調查遺產計畫的舵手，正是王文洋。這也代表，早在父親王永慶辭世前三年，王文洋就已為日後訴訟，踏出了最關鍵的第一步。

「王月蘭」的一封存證信函，吹響王永慶遺產爭奪戰的號角；「王文洋」的一份紐澤西州法院訴訟狀，證實台塑集團內部長久以來的傳聞，也揭開王永慶海外五大信託的神秘面紗。

同年五月二十二日，美國《富比世》（*Forbes*）雜誌率先披露王文洋跨海訴訟一事，並引述王文洋英文聲明內容指出，王永慶有龐大的資產在中國、美國及其他地方，這些遺產的配置是非常錯綜複雜的。王文洋還在聲明中強調：「我的家族需要答案，且整個程序必須是明白、精確與公平。我也有另外特別的義務來保護王月蘭女士的權益，她是我父親年老而體弱的遺孀，而她也應該自她先生的遺產中得到她應獲得的部分。」

隔日，當時任職於《蘋果日報》的我透過管道取得王文洋的聲明全文，其中「因為（父親）有龐大資產在中國、美國及其他地方，包含部分以信託方式處理的資產……」，引起了我的好奇心。因為台塑集團內部多年來都傳聞王永慶與王永在兩兄弟早已信託處理名下資產，卻始終未獲王家人的證實。

二〇〇五年十二月三十日專訪王永在時，我曾當面詢問：「是否會比照國外模式，成立一個公益基金，信託股權讓台塑集團永續經營？」王永在當時僅四兩撥千金地回道：「成立基金的目的，就是讓股權不要散，不要說分給誰誰誰，然後公司就隨隨便便經營權弄不見了，這樣怎麼對得起股東？如果說股權可以不散，怎麼好、怎麼做，公司就可以一直經營下去。」

四年後，王文洋遞交長達二十五頁的訴訟狀給紐澤西州法院。這份訴訟狀首度證實了王永慶海外資產以信託方式處理的傳聞，打開了潘朵拉的盒子。

王文洋在訴訟狀中指出，父親王永慶海內外總財產逾一百億美元，可分為三部分。一是登記在王永慶名下的財產，包括台塑、南亞及台化等三寶股權以及現金、不動產，約當市值十七億美元，也是「確認」的王永慶遺產（二〇一〇年財政部確認，王永慶遺產總額約為六百億元）。其次則是瑞士信貸帳戶內，約當市值十億美元的現金、股票。

第三部分，正是「據稱」是在王永慶指示下，於二〇〇一年至二〇〇五年間所成立的海外五大信託。

王永慶海外五大信託

海外五大信託所託管的資產，為台塑集團相關企業的股票。以王永慶二〇〇八年十月十五日辭世時的股價估算，五大信託總市值約七十五億美元。隨著股價反彈以及年年股息股利發放，截至二〇一三年王文洋遞交香港法院的訴訟狀指出，海外五大信託市值已逾一百七十億美元。其中成立於百慕達群島的四個信託，市值逾一百五十億美元，所託管的資產皆以台塑集團在台灣與中國的相關企業股票為主（海外五大信託之細節，可參考附錄之「海外五大信託表」）。

兩位創辦人為何要在海外成立五大信託？這個問題，不論是問老臣、王家二代或王家親友，都會得到同樣的答案、唯一的答案——「怕繼承者們散盡家產，盼台塑集團能永續經營。」放眼國內各大富豪家族，王永慶與王永在兩兄弟是極少數有計畫性地執行「經營權與所有權分離」的概念，甚至有意將名下全數股權交付信託，不希望變成龐大遺產由子女們繼承。未料，王永慶驟逝美國，來不及落實「將資產全數捐贈」的想法。

百慕達四大信託

根據已曝光的資料顯示，在百慕達成立的四大信託有三個共同點，一是這四大信託皆非慈善或公益信託，而是「目的信託」（Purpose Trust），即不需要有明確的信託受益人，只要清楚載明信託成立目的即可。其次，此四大目的信託的成立架構、流程皆相同——先成立目的信託、再成立私人信託公司，而私人信託公司則為目的信託的受託人，進一步管理、持有目的信託中所託管的私人投資公司或控股公司所持有的台塑集團台灣或中國相關企業股票。

最後一個共同點，四大信託的業務皆由四家私人信託公司的管理委員會負責。而此四大私人信託公司的管理委員會委員，皆由王文淵、王文潮、王瑞華、王瑞瑜等四名王家二代，以及王永慶大掌櫃洪文雄等五人出任；其中王瑞華為文件上所登記的管理委員會代表人。管理委員會的責任，就是執行信託成立的宗旨——持有、管理，並為所託管的台塑集團相關企業股票行使投票權，確保相關企業能持續成長。

New Mighty Trust掌握市值20億美元的台塑美國股權

在王永慶的海外五大神祕信託中，有四大信託成立於百慕達，所託管的資產是台塑集團台灣上市公司以及中國投資的股權與資產；另一個信託，則是成立於開曼群島的 New Mighty Trust，所託管的資產則是海外控股公司持有的台塑集團美國事業體資產，包括台塑美國公司股票以及 Inteplast 公司未上市的股票，粗估市值約二十億美元。

與百慕達四大信託相同，New Mighty Trust 也是透過一層層的信託間接管理台塑美國公司持股，結構相當複雜。但與百慕達四大信託不同的是，百慕達四大信託，可永久信託且不需要明確信託受益人，只要由五位信託管理人根據基金成立目的，來支配信託託管資產即可。但一般在英美國家成立的信託，則必須有明確的信託受益人以及確定的信託時間，只要違反這兩點中的任一點，都可被認定為信託成立過程無效。

為了讓 New Mighty Trust 可達到永久信託且不須明確受託人的目的，免除受法律之約束，二〇〇六年十一月八日，New Mighty Purpose Trust（目的信託）在開曼群島成立。該信託乃基於一九九七年開曼群島頒布的「特殊信託替代條例」（Special Trust Alternative Regime，簡稱 STAR Trsut）而成立的特殊信託。

特殊信託的特點類似百慕達信託，只要載明信託成立目的，由指定的管理委員會成員按信託成立目的來管理即可，不須明確受益人以及信託期限。而New Mighty Purpose Trust的管理委員會成員，仍是王文淵等五人。

建業法律事務所資深律師韓世祺指出，通常會選擇在百慕達群島成立信託基金的信託人可能有幾點特殊考量，一是避稅考量，其次則是當信託過程引起爭議而引發訴訟時，會增加訴訟難度，對現有的管理人比較有利。「因為百慕達信託最重要的特點是，百慕達不承認其餘國家法院的判決結果，即使在其他國家判定無效的信託，只要沒有被百慕達法院判決無效，一切都算是合法設立。」這也是為何當王文洋在紐澤西訴訟敗訴後，轉赴百慕達遞狀訴訟的主因（此部分將留待後面章節細述）。

細究王永慶海外五大信託成立的時間點、託管資產的明細，對比台塑集團重大事件發展歷程，可追溯出台塑集團不同時期成長的軌跡，更能進一步釐清最關鍵的問題——是「誰」授意成立海外五大信託？又為什麼集中於二〇〇一年至二〇〇五年間成立？

王文洋質疑五大信託合法性

不惜排除母親楊嬌繼承權，與手足漸行漸遠

是「誰」授意成立海外五大信託？這問題，聽起來不像個問題。因為除了王永慶，台塑集團內部還有誰能「指示」將這麼大筆的資金成立海外信託？但這個疑問，卻來自王永慶二房長子王文洋。

王文洋認為，由於父親驟逝於美國紐澤西州，有許多重大商業資產如台塑美國公司總部也在此，為了釐清資金流向，王文洋必須取得美國法院授權，才能調閱銀行匯款資料；且因「多數遺產繼承人都是美國公民」，一旦取得授權，自然也可打開「潘朵拉的盒子」，調查其餘繼承人在美國銀行資料。故向紐澤西州法院聲請，指定他為父親王永慶的遺產管理人，賦予他調查權，進一步釐清父親王永慶全球遺產分布狀況。

此外，王文洋於二〇〇九年六月二十三日接受當時任職《蘋果日報》的我獨家專訪，並在一小時的專訪中不斷質疑海外五大信託成立過程的合法性，當時並未完整登載，在此完整呈現專訪內容。

Q：您父親王永慶在二〇〇一年至二〇〇五年間信託海外七十五億美元資產（二〇〇八年時的市值），您會不會覺得這是您父親蓄意的一種處理財產的選擇方式？

王文洋：我不知道，我們所有的海外信託，特別是百慕達信託，有四個信託，所有錢在那裡。我這裡要強調，這四個信託全部都是非公益信託，百分之百分非公益信託，不是現在所謂傳言公益信託。而且是在信託本身條文，就是他們自己寫的；所謂的「他們」，就是當初設立信託時的律師，就寫「for non charitable purpose」。這個有它的原文，有它的trust條文為證，OK。所以有的人不知道，說這個是公益信託。如果這個是公益信託，我會很高興，我不會去追究。

Q：百慕達非公益信託的目的，不是為了台塑集團永續經營嗎？

王文洋：（停頓數秒）就我們所知，這個信託有五個管理人。〔四個信託都是同樣由王文淵、王文潮、王瑞華、王瑞瑜等人管理嗎？〕五個管理人，並不像報章雜誌說是四個管理人。〔還有一個管理人是？〕洪文雄先生。現在所有的信託文件，我們現在都還查不到有Y.C. Wang（王永慶）的簽字……所以現在正在查當中，我不想要多comment。

Q：是用蓋章的嗎？

王文洋：沒有，他也沒有蓋章，完全沒有他的文件，好像這個信託就沒有他了。說沒有他，資金的來源也沒有提到他，所有的東西，都沒有他自己的印章或是簽名，都沒有。這個妳也知道，所謂公益的信託有王長庚公益信託，這個我也是一個管理者，這個大概是二〇〇四年左右成立的，他（王永慶）叫我們通通去，這個金額大概一百多億。這個一開始成立，我們二房、三房子女通通是（管理者）呀，那個是在中央信託的，那個就是真正的公益信託呀，真正的公益信託在台灣成立也行，在美國成立也行。公益信託在一個避稅天堂成立，會覺得非常奇怪。

Q：所以如果百慕達這些是公益信託，你不會有意見？

王文洋：當然不會有意見，但它（百慕達信託）本身在設立的時候就寫得很清楚，for certain non charitable purpose，所以根本擺明了就是非公益信託。但我們現在就是在調查，為什麼通通沒有我父親的簽字或是蓋章。〔那為什麼會沒有？〕我不知道。〔這不是他的財產嗎？這個不是他財產、轉出去不是要他同意嗎？〕我知道，所以現在正在查當中，有一些眉目，在查當中有involve到法庭在查，所以現在我不能多言，OK？

Q：為什麼你認為父親可能遭到誤導的情況成立？

王文洋：這個字（訴訟狀）不是我寫的，是我律師寫的。我沒有這個本事寫出這個訴訟狀，我同意我律師寫的。〔所以您認為父親可能根本不知道這些海外信託？〕可能，因為我剛剛說過，我們根本找不到任何一個（王永慶）簽名或是任何一個蓋章。

Q：整個信託花了五年時間去布局的，並不是你父親本人？

王文洋：我不知道、我不知道，正在調查當中，所以我不知道。所以才需要紐澤西這個（訴訟），很多不知道的事情都要法院的權力來調查。〔您何時知道父親信託的事情？〕在這個報稅看到的時候只有台灣的資產，沒有任何海外的資產，我再說一次，任何台灣人（停頓）相不相信？任何台灣人會不會相信？在這樣的情況之下，比如漳州電廠、FPC-USA、秦氏投資，我想全台灣人都知道（這是我爸的資產），但這些都不在裡面，從這裡開始調查。調查之後，我們得知這個source（來源）是confidential（保密的）。

Q：所以在今年（二〇〇九）之前，您完全不知道父親海外的財產「放」在這五大信託裡面？

王文洋：他有沒有「放」在這五大信託裡面，我不知道。因為剛剛說過沒有他的名字，所以我不知道。有可能是，也有可能不是，我們現在調查中。我只能說不知道，還在調查中。

Q：我的意思是，您父親的資產「已經」在那邊了，只是是「主動」或是「不知道情況下過去」這個部分是未明的，對吧？

王文洋：對已經在那邊，一定是他的錢，對！誰會有那麼多錢啊，哈哈哈哈。〔但也有一個說法，這個錢是王永在一起的，因為王文淵跟王文潮都是管理人？〕也沒有任何王永在的簽名或蓋章，所以這個也不知道。這個事情，現在要談時機過早，等法庭開庭，等得到法庭信任，然後有法庭的授意，進一步調查，就會水落石出。〔所以是您父親個人或是王永在先生的一起這個不知道？〕不知道。〔但都沒有兩人的簽名？〕簽名或蓋章都沒有。

Q：您有跟五個管理委員會的人討論過嗎？

王文洋：我們這個事情、這個事情，主要是……這個事情因為美國法院能夠，資產絕大多數都是海外，台灣是小部分。台灣對國外的這個司法，是沒有司法互助、沒有外交的關係；美國最有了，所以在美國法庭（聲請強制調卷權）的原因也是在這裡。有很多事情待釐清，這個也是一個守法的公民該做的事情。台灣很多媒體變成說隱匿這個東西（財產）是對的，這個很奇怪，這個好像是教唆國民犯法。這個是美國、台灣法律規定很清楚要報稅，這個是法律。那你違法是對的嗎？為什麼現在好像違法是對的，教唆公民違法本身就有罪。

Q：您知道信託是今年（二〇〇九）才知道？之前完全不知道？

王文洋：對，我不知道（海外），我之前只知道王長庚基金。〔那其餘二房成員也是今年才知道海外信託？〕這個我不知道，你要去問她們，我不知道他們知不知道（語氣激動），這個你要去問她們。我不知道不代表他們不知道（拉高語氣強調），ＯＫ？你去問她們。

Q：針對這個議題，二房之間是沒有溝通過的？

王文洋：啊～（語氣拉長逾五秒），我覺得我是在……我覺得這個太……啊、啊，我的父親也是他們的父親，可是我是長子，我比較有這個責任跟義務去做這個事情。這個事情我想他們也是，我不相信他們不要、不要這個維持跟尊敬我父親的這個legacy，ＯＫ？〔有談過嗎？〕我不相信、我不相信他們不要，所以我覺得這個還是這樣做了比較好。〔那你們有溝通過嗎？〕我覺得這個事情還是打定原則，不要混淆比較好。

Q：所以你覺得該做就去做？

王文洋：對，就去做。〔儘管要背負破壞家庭和諧的罵名？〕我剛剛說看大的，不要看小的。

Q：二〇〇一年至二〇〇五年間，你跟父親之間也有相處對吧？他也沒提過？

王文洋：有相處，那個就是帶小孩子去吃飯，家庭聚餐。他最後，特別是後面一年、兩年通通是講他以前小時候的事情呀，都是講跟妹妹們一起小時候的事情呀，他記得好清楚小時候誰怎麼樣，他完全是在回顧他小時候的事情，講得很開心，怎麼會講這些呢？哈哈哈哈……

在此次專訪中，王文洋特別澄清，自己在五月十三日向紐澤西州法院遞狀，並非是媒體報導的「爭產」，而是在維持父親王永慶的典範。王文洋說，因為四月時，王瑞華的會計師陳文炯準備要向國稅局申報的遺產申報資料，其中竟然只有父親王永慶在台灣的資產，沒有任何國外資產。

王文洋語帶質疑地說，父親一九七八年就在美國成立FPC-USA，那時他已經進入台塑幫忙寫環境影響評估。後來父親更從美國轉赴中國投資漳州電廠，三十二億美元的投資都是他的私人投資，包括秦氏國際投資公司跟萬順投資都是王永慶擁有的投資公司：

全台灣會有人相信我父親一個這樣國際性的企業家在海外會沒有任何資產嗎？誰不知道萬順投資、秦氏投資都是我父親的？但那個報稅資料完全沒有。所以我不能簽那申報書，因為那Against my father's legacy（違反了我父親的典範），我要維持他的典範、他的歷史地位。

王文洋當時並且強調：

我沒有在爭產！這些國外的資產都還不知道（有多少），不知道何來爭產？什麼叫做爭產，就是財產在那裡，我要奪一點叫爭產。照我所知道的，我父親沒有遺囑的話，我父親所有財產拿出來，是全部依法分配，沒～得～爭～的（拉高音調）。呵呵，最重要是要維護他的legacy，然後要真實的遵守法令來報稅。

但王文洋當時沒說出口的是，在受訪八天前，他所遞交的遺產申報書並未將母親王楊嬌以及三房李寶珠納入父親王永慶的遺產繼承人中，導致遺產申報書出現兩種不同版本的「鬧雙胞事件」。在王文洋提出的申報書中，他主張王永慶的合法配偶僅大房王月蘭一人，僅大房王月蘭及王永慶的九名子女擁有遺產繼承權，甚至在紐澤西訴訟狀中以「女伴」（companies）來形容母親王楊嬌與三房李寶珠。

王文洋此舉，無疑傷透母親楊嬌與兄弟姊妹們的感情。自此之後，二房其他成員也與王文洋漸行漸遠。二〇〇九年七月二十八日，王文祥與三位姐姐也向紐澤西州法院遞狀，聲請法院任命王文祥為父親王永慶遺產管理人，以便清查全世界各地的王永慶遺產。相對於王文洋以大房王月蘭的代理人身分，來捍衛王月蘭權益；王文祥則是為自己的親生母親楊嬌發聲。兩兄弟互爭成為遺產管理人，立場卻截然不同。

二〇〇九年六月十五日，王永慶遺產申報書「鬧雙胞」，導致王文洋與其他兄弟姊妹分道揚鑣。在六年後的六月十五日，王文祥以台塑化常董身分出席股東會，談起海外五大信託一事，王文祥證實「父親王永慶在世時，二房家族完全都不知道海外五大信託一事」，也質疑「這應該不是父親王永慶處理資產的方式。」王文祥強調，他自己不覺得這件事情很嚴重，只是他確實也有疑惑：「因為我父親做事情是很清楚的人，他交代事情、處理事情都一清二楚。我們家都不知道有這五個trust（信託），這不是我父親做事情的風格，他處理事情不是這樣的方式。」

相對於大哥王文洋近年來相繼在美、台、香港與百慕達訴訟，企圖打破海外信託來爭取「公平」，王文祥倒認為，沒必要費盡力氣去爭什麼。「因為事情已經這樣了，海外五大信託也成立在那邊了，沒必要知道答案。」王文祥說，做人就是把自己的事情做好就好，對社會有所貢獻，「至於財富，是你的就是你的，不是你的就不是你的，問心無愧

王文祥以台塑化常董身分出席股東會

就好。」

二〇〇一年王瑞華回台定居　王永慶啟動交棒布局

若要釐清海外五大信託成立的始末與目的，就必須回顧台塑集團一九九五年至二〇一五年這二十年的重大發展以及台塑集團交棒歷程，方可窺知王永慶交棒布局的全貌。而王永慶布局的重點，除了希望「老臣與二代分權共治」的集體決策模式，能接下他手中權杖外；更希望台塑集團的股權，不因他百年之後而分散、最終導致企業衰敗。從二〇〇〇年到二〇〇六年六月五日交棒，王永慶設立決策小組、海外成立信託，就像下棋般一步步完成他的交棒布局。如今回過頭來看，與王永慶隔空對弈的，竟是他的二房長子王文洋。

一九九五年的呂安妮事件，讓王永慶原先盼望的「子承父業」夢碎，因而重新思索台塑集團交棒布局。二〇〇一年七月二十六日，王永慶首度主動對外宣布：「由於集團規模日益龐大，考慮設置行政中心或決策中心，以集體決策模式來接棒。」同年九月二十六日，定居美國十七年的三房長女王瑞華與夫婿楊定一返台，距離王文洋在台塑集團的最後據點（二樓辦公室）遭拆除，中間相隔不到一年。二〇〇一年，王永慶啟動海外資產信託計畫，Grand View Purpose Trust 在百慕達成立。

二〇〇一年可說是台塑集團董事長王永慶啟動交棒布局的元年。親近王家人指出，當時王永慶規劃的是經營權交給專業經理人，王家二代就單純當個 owner（擁有人）就好。因為專業經理人經營，經營不好可以換人；假如自家兒女管理，做不好沒辦法換人。「最終在總座王永在堅持以及現實考量下，就規劃以老臣跟二代籌組決策小組模式來接掌經營權。」

從時間點來看，王瑞華返台定居的時間點，恰巧是百慕達信託 Grand View Purpose Trust 成立的時間；之後五年內，百慕達四大信託與美國 New Mighty Purpose Trust 相繼成立，王瑞華在父親王永慶身邊的重要性與日俱增。究竟海外五大信託是否由王永慶授意、王瑞華執行設立，不得而知；但可以確定的是，王瑞華在此過程中扮演著關鍵性的角色。

一知悉內情人士透露，早在一九九五年左右，台塑集團內部就曾蒐集國外百年企業的交棒模式，包括杜邦、洛克斐勒家族以及Dow集團。當時的考量是，如果由二代繼承股權，可能會有成員處分股權，導致企業面臨被惡性併購的可能；因此研究國外百年企業模式，並向董事長王永慶建議，但王永慶當時不置可否。直至王瑞華返台後，主動向集團高層提及「想要比照國外百年企業，以信託來鞏固股權，讓企業永續經營」並獲得支持，才開始著手蒐集相關資訊。

二〇〇二年四月一日，王永慶在總管理處下設立決策五人小組，王瑞華僅掛名總管理處特助，陪同父親赴中國考察，未名列接班團隊。同年，百慕達海外信託Transglobe Purpose Trust成立，所託管資產包括一九九六年於英屬維京群島成立的Hua Yang Investment（簡稱HYI，華陽投資公司）。

二〇〇三年，總管理處設海外事業部，業務範圍包括美國、大陸等事業，王永慶欽點王瑞華接掌海外事業部。同年五月六日，王永慶宣布王瑞華加入決策小組，「六人決策小組」成型。二〇〇五年五月五日，New Mighty US Trust 於美國成立，信託受益人為 New Mighty Foundation 慈善基金會以及三家海外控股公司。而慈善基金會將經費用於興建數千所中國明德小學及中國人工電子耳等慈善工作。這三間海外控股公司持有之台塑美國及 Inteplast 股權，則交付 New Mighty Trust（開曼）託管。四天後，五月九日，百慕達 Vantura Purpose Trust 與 Universal Link Purpose Trust 同時成立，包括名列台塑三寶前十大股東的萬順國際投資與秦氏國際投資皆為託管資產。

百慕達四大信託並無信託受益人，而是由管理委員會委員依據信託成立目的來管理，不可任意變賣或處分資產，等同確保信託所託管的台塑集團股票將永不分散，目的就是要讓台塑集團永續經營。在台塑集團所有權方面，王永慶完成了交棒布局。

令人意外的是，就在王永慶成立海外五大信託之後不到三個月，王文洋就取得了王月蘭的授權，可代表王月蘭支配她名下所有資產。王文洋是否當時就已清楚父親以信託方式處理海外資產，或純粹時機上巧合，不得而知。但該份授權狀，後來成了王文洋二〇〇九年越洋訴訟的依據。

二〇〇九年八月十三日，王文洋以王月蘭代理人以及王永慶長子的雙重身分，要求法院指定他為父親王永慶的遺產管理人，並帶著多年女友呂安妮，出席紐澤西州艾塞克斯郡初審法院首次庭訊，與三房家族對簿公堂。

經營之神子女對簿公堂——紐澤西世紀大審

二〇〇九年八月十三日上午九點多，紐澤西州艾塞克斯郡初審法院的大廳湧入數十名媒體記者以及遠從美國各地特別到此旁聽的華裔法界人士，大家排隊等著法警檢查。值勤的法警不解怎麼突然來了這麼多人。突然一名法警指著排在前面的王文洋跟一旁的法警說：「就是他，台灣富豪之子，都是為了他來的。聽說他要選台灣總統？」

小小的簡易庭門口站了數名法警，欲進入旁聽的媒體或民眾都必須核對身分並搜身方得進入，而庭內二、三十個旁聽席早已坐滿。今天的主角王文洋坐在右前方第一排。身旁的呂安妮一襲黑衣黑褲、素顏戴著眼鏡，靜靜坐在一旁，不時側著身、特地回避媒體鏡頭。王文洋與委任律師葛林芬格（Michael R. Griffinger）交頭接耳，桌上擺放著三張大圖卡，其中一張王永慶家族（Family Tree）表，還可清楚

王文洋於紐澤西州初審法院大廳

Photo by Simon Kwong

看到王永慶滿面笑容的照片。

其他相關人委任律師相繼入席，六、七個位置坐滿了全美一流律師事務所的委任律師。除了王文洋的委任律師，還有三房長女王瑞華的訴訟代表、二房次子王文祥的委任律師以及台塑美國律師代表到場。四方律師以及事務所工作人員陣仗之大，凸顯出這起訴訟的重要性。

這起官司始於王文洋於五月十三日，向紐澤西州艾塞克

王文洋與呂安妮於紐澤西州初審法院

Photo by Simon Kwong

斯郡的初審法院遞狀，請求法院指派他出任王永慶遺產的管理人，並要求法院授予他搜證調查權，以清查王永慶在海內外的遺產。而王永慶三房成員則反對此案，王瑞華提出答辯狀指出，由於父親王永慶並非美國公民，在美國也沒有資產，因此紐澤西州法院並無管轄權審理此案，要求駁回王文洋聲請。

令人訝異的是，在法院庭訊前夕的七月二十八日，王文洋的親生母親王楊嬌竟與子女王雪齡、王雪紅以及王文祥聯名提出答辯狀，一方面支持紐澤西州法院對此案的管轄權，以及法院應准許管理人享有遺產搜證權（discovery）；但另一方面卻主張應任命王文祥為遺產管理人。等同母親王楊嬌力挺次子王文祥，與長子王文洋互爭遺產管理人。對於王文祥為何會突然加入戰局，當時仍是個謎。如今將所有文件攤開來重塑當時事件發展，即可發現前述的王永慶遺產稅申報書「鬧雙胞事件」，可能是關鍵。

由王瑞華委任會計師陳文炯所遞交的遺產稅申報書中，可清楚看到王永慶遺產稅的「全體納稅義務人」總計有十二人，除了王永慶大房王月蘭以及王永慶二房、三房總計九名子女外，二房王楊嬌以及三房李寶珠亦同列名單中，顯示楊嬌與李寶珠同為王永慶遺產的繼承人。但這份於二〇〇九年五月十三日繳交的申報書，卻只有十個納稅人的印章，少了大房王月蘭以及王文洋。顯見，王文洋不認同遺產申報書的內容。事實上，同一天王文洋才委由律師向美國紐澤西州法院遞交訴訟狀，要求指定他為父親王永慶的遺產管理人。

遲至七月十五日，王文洋才自行遞交王永慶遺產稅申報書。但其中載明的繼承人僅十位，三房李寶珠以及自己的親生母親王楊嬌都未名列其中。簡言之，王文洋的申報書間接否認了母親王楊嬌為父親王永慶法律上配偶的地位。這份申報書傷害了王文洋與二房家人的感情，也讓王楊嬌決定不再沉默，與次子王文祥聯名向紐澤西州法院遞狀，支持王文祥爭取成為王永慶遺產管理人。也因為王文祥加入戰局，此次簡易庭從原來的王文洋與王瑞華捉對廝殺，演變成「王文洋兄弟鬩牆」，讓王永慶家族的遺產風暴更為複雜。

二〇〇九年八月十三日上午十點整一到，法官柯普斯基（Walter Koprowski）

入席，王永慶遺產管理人訴訟大戰，正式展開。

此次簡易庭的庭訊重點在於，紐澤西州艾塞克斯郡初審法院到底有沒有管轄權，來受理王永慶的遺產案。王文洋、王文祥兩造企圖說服法院擁有管轄權；而王瑞華的委任律師則要證明紐澤西州法院對於非美國公民的遺產案無管轄權，應撤銷本案。率先登場的王文洋委任律師葛林格（Michael R. Griffinger），準備了王永慶家族表、台塑美國公司組織架構圖及王永慶中國投資

王文洋的律師葛林格攻防中

Photo by Simon Kwong

布局等三項圖表，企圖證明王永慶雖非美國公民，但有居住美國的事實及意願，因此紐澤西州法院擁有審理此案之管轄權。

葛林格先拿出家族表，上有王永慶三名夫人及九名子女的姓名和圖片，旁邊還有王永在家族包括王文淵、王文潮的照片，以說明錯綜複雜的家族成員關係。接著，葛林格再拿出台塑美國架構圖及王永慶中國布局圖表，直指王永慶海外投資布局的核心就是以紐澤西州的台塑美國公司為主軸，再往其他國家發展（如中

法官柯普斯基聆聽答辯

Photo by Simon Kwong

國投資），皆以台塑美國名義進行，其中也有王永慶私人資產。葛林格強調，王永慶生前曾任台塑美國董事長，在紐澤西州一定有資產，且三房長女王瑞華也曾在台塑美國擔任高階主管，一定握有或知道王永慶資產資料。

葛林格指出，目前所有的資料都是私人調查的訊息，在沒有強制力下，只能蒐集到這樣的資料。但五大信託的成立過程完全沒有王永慶的簽名，為了釐清五大信託所託管的股權、台塑美國股權與王永慶之間是否有關聯，希望向法院請求「強制調卷權」（Subpoena）：他提列洋洋灑灑兩大頁資料，要求法院強制台塑美國公司提供，包括股權移轉以及海外控股公司資料，讓原告一方得以進一步發現王永慶在紐澤西州擁有資產的狀況。

以子之矛，攻子之盾：楊定一祭岳父文

接著，葛林格拿出王瑞華夫婿楊定一在美國Inteplast官方網站上一篇紀念創辦人王永慶的文章；文內提及，王永慶熱愛美國，藉以鼓勵美國台塑員工的向心

力。王文洋主張王永慶與美國關係深厚，這樣的內容等於變相替王文洋證明美國法院確有本案管轄權。

對於王文洋一方提出「強制調卷權」的要求，台塑美國律師克雷（Khaled John Klele）先是反駁王永慶個人持有台塑美國股票，更進一步提出異議。克雷強調，「王文洋申請調閱的文件過於廣泛，恐造成商業機密外洩」，因此希望法官能限制調閱文件的範圍，鎖定跟王永慶有關為主。但王文洋委任律師則指出，既然王永慶為台塑美國公司董事長，因此任何公司紀錄都與王永慶有關，要求調閱範圍並未太廣泛。隨後，克雷提出「保護令」（Protection order），強調這些公司文件有很多機密，需要保護令以防機密外洩。

王瑞華律師：王永慶非美國籍、在美並無財產

接著登場的是王瑞華的律師奈爾（Lawrence T. Neher）。針對王文洋律師指陳王永慶在紐澤西應有財產，奈爾火力全開、嚴厲駁斥。他強調王文洋律師所言

都是推測與傳言，缺乏具體事證。奈爾從法理層面，要求法院應從嚴審查法令關於管轄權之構成要件，包括「王永慶在紐澤西有具體財產」以及「有居住美國事實」。

王瑞華的律師進一步指出，台塑美國公司已證明王永慶在美並無資產，王瑞華也未握有任何王永慶的財物，故依法紐澤西法院對此案並無管轄權，應撤銷此案。

再者，奈爾表示，王永慶

王瑞華的律師奈爾（Lawrence T. Neher）

Photo by Simon Kwong

的戶籍在台灣，是台灣公民非美國公民，原告王文洋的訴狀也承認這一點。因此有關王永慶遺產的存在及其下落、證據、文件等等，都應適用台灣法規；如果要在紐澤西審理，勢必造成諸多不便，因此紐澤西是一個「不便利法庭」（forum non conveniens）。

奈爾進一步指出，台灣有自己的遺產處理制度，不管台灣的制度是否跟美國一樣，美國法院應尊重死者戶籍地的制度，由台灣自行處理。既然台灣已處理或正在處理，根據「禮讓」（comity）的國際準則，紐澤西不應行使管轄權。

針對王瑞華委任律師反駁紐澤西法院有管轄權的論述，王文祥律師戴爾（Michael J. Dell）的戰術是「以子之矛，攻子之盾」。戴爾指出，王永慶在美國有居住地，台塑美國總部在紐澤西州，王永慶的子女們也都是美國籍，根本不構成「不便利法庭」。至於王瑞華律師奈爾主張應該要「從嚴審查王永慶在紐澤西有具體財產，以及有居住美國事實的管轄權構成要件」，戴爾則翻出法條，質疑「王瑞華一方錯誤解讀」。

戴爾指出，沒有任何判例顯示應該要「從嚴審查」；事實上，根據當初立法原意，應從寬審查管轄權意義。他認為有關管轄權的法律規定，只要紐澤西州居民握有「證據」即可行使管轄權，而王瑞華握有足夠的證據，知道王永慶財產的移轉及其動向，包括信託，以及中國或其他地區的投資情形。他強調，該法條是指財產管轄權而非人身管轄權，紐澤西州法院是根據法律行使附屬的（ancillary）遺產管理管轄權，而非戶籍地（domiciliary）的管轄權。

王文祥律師分徑合擊，質疑五大信託源自王永慶資產

接著，戴爾也拿出那篇楊定一紀念創辦人王永慶的文章。文內提及，王永慶於二〇〇八年十月十五日在紐澤西州南郡大道八八二號的「住家」（residence）過世。文中指出：「回顧過去，他（王永慶）在長遠而豐碩的人生旅途上，選擇了美國作為終點站，對我們來說，似乎有象徵意義。」戴爾引述楊定一的文章指出「王永慶連死都要死在美國」，強調「美國是王永慶的家，王永慶顯然是居民，

這與居留權沒有關係，紐澤西州法院當然有管轄權。」

在「管轄權」與「強制調卷權」兩爭議點，戴爾與王文洋的律師分徑合擊。戴爾補充道，海外五大信託二房家族成員毫不知情，而五大信託是真實存在，這些信託所託管的資產，也非信託管理委員會的成員所賺得；那究竟是誰轉移這些股權到五大信託中？一層層追溯信託的源頭，是否跟王永慶的資產有直接關連？這必須仰賴法院的強制調卷權，讓台塑美國出示相關文件，以發掘事情的全貌。

四方訴訟代表精采對決　王文洋贏得首勝

四方訴訟代表針對管轄權問題爭鋒相對，王文洋與王文祥訴訟代表相繼快攻、王瑞華律師遭雙方夾擊；而台塑美國律師則企圖築起防火牆，以避免王文洋的律師突襲。雙方你來我往，不少旁聽席的華人律師聽得入迷，不時發出「攻得好」、「回防得好」的評語。

最終，法官柯普斯基針對今日庭訊三重點分別做出裁示。首先針對王瑞華提出的撤銷動議，法官今日先駁回王瑞華提出撤銷受理此案的聲請，但仍給王瑞華一方以書面意見來解釋補充其主張，或許還有機會動搖法官的心證。其次，對於管轄權爭議，法官柯普斯基認為，他需要更多的「事實」（facts）才能針對管轄權進行判斷，因此，他將簡易審改為事實審，並喻知雙方進行有關的管轄權「事實」之搜證與調查（discovery）。此案確定將繼續進行。

至於王文洋一方所聲請的強制調卷權，因台塑美國律師以妨害商業機密為由提出保護令，最終法官柯普斯基裁定王文洋擁有「有限調查權」，所取得資料不得對第三方公布。這段期間應查明王永慶在紐澤西州擁有資產的具體證據，下月十一日舉行三方閉門會議，視王文洋提供的證據決定下次庭期。

庭訊結束後，王瑞華委任律師奈爾發表聲明表示，樂見法官在聽證會中因無法律基礎，未裁定指定王文洋或王文祥擔任遺產管理人。對於聲請撤銷案遭駁回，奈爾表示，法官同意進行有限度的證據調查程序，調查程序完成後將會再次聲請

王文洋與委任律師葛林格召開會後記者會

Photo by Simon Kwong

法院基於無管轄權，應拒絕受理本案。

而在王文洋委任律師葛林格召開的記者會上，葛林格肯定法官的裁定，讓案子可以繼續進行。坐在一旁的王文洋則以「這就是正義」來形容今日的首勝。他表示：「聽證會結果讓此案持續進行，這就是明顯的正義。」他強調：「父親的美國事業以紐澤西州為根基，與紐澤西州有深厚關係與情感，紐澤西法院當然具有管轄權。」不到半小時，記者會即迅速結束，王文洋也在外籍保鑣陪同下迅速離開。第一場庭訊才剛結束，但各方人馬的攻防早已悄然進行。

❖

紐澤西州法院是否受理此案的關鍵點在於，王永慶在美國究竟有沒有資產，以及有無居住之意願。然而，正當四方委任律師在法庭上激烈地攻訐辯護之際，王永慶於美國紐澤西州的住所南郡大道八八二號，卻悄然掛起出售招牌。一名華裔律師說：「在各方爭執王永慶在美國究竟有無資產的時候，三房處分王永慶居住的八八二號住所，將更添王文洋主張紐澤西高等法院有管轄權的難度。」

距王永慶辭世短短不到一年時間，占地兩英畝的美國居住地，卻以兩百九十萬美元（約台幣九千五百五十五萬元）開價出售，令人十分不解。對此，一名王永慶三房家族成員當時受訪時表示：「因為董事長年事已高，近年比較少去美國，很早以前就有意要賣了。」而另一名親近王

家人士也指出，那房子產權不是王永慶的，平常由三娘李寶珠乾弟的太太照顧，董事長近年很少來美國，老房子漏水漏得嚴重，維護要花不少錢，本就有意要賣，「可能現在董事長不在了，怕睹物思人，乾脆處分掉。」

這棟近六十年歷史的喬治亞式建築，外觀素雅簡樸，從馬路上即可驅車到大門口，完全沒有柵欄圍護。繞到屋後，還可以走到網球

場、一旁的小菜圃還有種些蔬果。布滿灰塵的落地玻璃後，就是室內游泳池。在一九九〇年左右，因海滄計畫避居美國一年多的王永慶，不論春夏秋冬，天天早晨運動就是游泳。如今，斯人已逝、池水也早已乾枯。

二〇〇八年十月十三日晚間七點多，台塑美國六名高階主管、李寶珠、王瑞華與王永慶一同用晚餐。陪伴王永慶「最後晚餐」的美國祕書胡圓說：「我記得他還夾了一口後花園種的韭菜直接生吃，還笑說這是有機的。事後我回想，他可能是來跟我們告別的。」一九七八年，台塑集團選擇紐澤西州為台塑美國總部，南郡大道八八二號就成了王永慶在美國的居住地。三十年後，深耕美國投資的第一個落腳處，竟成為王永慶人生旅途的最後一站。如今，更成為王永慶二房與三房家族反目鬩牆的第一戰場。

父親辭世不到一年，近三十年的住處卻要出售，看在不同陣營眼中，有不同的解讀。究竟是怕睹物思人而處分資產，或如敵對陣營所猜測、是為了「消滅王永慶擁有資產的證據」，各說各話。最終，該房產未能成功售出。

兩年後，二〇一一年十月二十七日上午十一點，多輛怪手駛入八八二號拆除土地上的所有建築物，原地重新蓋起了五棟洋房，據說分別由王永慶與李寶珠的四名女兒及李寶珠所有。王永慶的足跡，已隨著建築拆除而灰飛煙滅，留下的只有永無答案的謎團。

5

內憂外患
——六輕七場大火及跨海三訴訟

新聞現場：2010／10／14
地點：台塑大樓二樓會議室

台塑集團總裁王文淵今日率領最高行政中心七人小組成員召開記者會，為三個月內發生三起工安問題再次道歉。對於外界以「螺絲鬆了」來質疑第二代的接班能力，王文淵再三強調：「對外界種種批評與指教，都虛心接受。」王瑞華也坦承危機處理「差強人意」，將會再加強工安管理。

對台塑集團的繼承者們而言，二〇一〇年至二〇一二年間是交棒面臨最嚴酷考驗的三年。不僅要面對已故創辦人王永慶二房長子王文洋在海內外連連興訟的家族內憂，就連生產重鎮六輕廠區也像得「機瘟」般地接連發生重大工安事故。一年內七起工安大火，燃起了麥寮人的憤怒，燒毀了全台灣對台塑集團的工安信心，也燒出了對王永慶接班人的質疑。

這一切，要從二〇一〇年七月六日台塑化 OL-1 廠的工安事故說起。

六輕七場大火

■台塑化兩事故　燒出政治連鎖效應

二〇一〇年七月六日上午十一點五十分，台塑化 OL-1 廠疑因蒸餾塔塔底泵浦軸破裂，流體外洩引發火災。雖然火勢很快獲得控制，但引起當地居民一陣緊張。正當中部勞檢所仍在調查事故發生原因，十九天後，七月二十五日晚間近八點，台塑化煉製二廠重油加氫脫硫工廠蒸餾區主塔設備疑因破裂，而導致成品重油外洩起火。暗夜大火燒得六輕的夜空紅通通，麥寮居民夜不成眠，火勢延燒四十小時才完全撲滅。

對於六輕接連大火，雲林縣長蘇治芬震怒，痛批六輕連續發生重大工安意外，「一定要嚴厲處置」；雲林縣環保局長陳世卿則說，「不排除要求廠區全面停工。」兩起工安事故，燒出六輕工安危機，雲林縣政府與台塑集團關係降至冰點。

隔（二十六）日，台塑集團總裁王文淵指示胞弟台塑化董事長王文潮南下六輕視察事故廠址，同時拜會雲林縣長蘇治芬，為台塑化兩次工安事故致歉。對於雲林縣政府爭取多年的回饋基金，台塑集團態度軟化。王文潮首度鬆口向蘇治芬承諾：「只要有法令規定可循，台塑贊成以基金方式，將六輕回饋法制化。」蘇治芬也告訴王文潮，若六輕成立回饋基金，未來就不必為應付地方煩惱，反而好做事。

對於台塑釋出的善意，蘇治芬點頭示意，原以為雙方破冰的一場會晤，事後發展卻急轉直下。由於會談過程不公開，因此縣政府先開放媒體在會晤前拍攝數分鐘。媒體捕捉的畫面，是地方父母官蘇治芬正襟危坐，一旁的王文潮則身體後傾、坐姿不良。王文潮「政治不正確」的坐姿透過新聞畫面不斷播出，抨擊聲浪排山倒海而來。

兩天後，蘇治芬趁勝追擊，率領養殖業者北上，在行政院門口下跪陳情，要求中央應比照美國成立調查委員會，邀專家學者進行總體檢。蘇治芬「驚天一跪」，將一場工安事故，升級為政治事件，最終成為藍綠陣營角力舞台。質疑縣府督導不周的民怨，就這樣從地方燒向中央，逼得當時行政院長吳敦義親自帶隊到六輕視察，宣布兩廠停工。

兩大火縣府九訴求　台塑集團付出逾六十億元代價

眼見風暴越演越烈，台塑舉辦多場工安協調會與鄉民溝通賠償金。八月十六日，六輕工安意外賠償協調會第三次協商，出席的麥寮鄉親要求台塑集團給付總計十七億元賠償金，包括每位鄉民賠償三萬元以及每年每人兩萬元回饋金。台塑集團代表六輕副理王長表示，賠償金與敦親睦鄰應該分開來處理，「無法同意，請各位……」王長話還沒說完，就引起台下民眾反彈怒吼：「滾蛋，土匪！土匪！」有人摔椅憤而離席，有人揚言「你要收了兩個工廠」。自救會決定隔（十七）日上午七點將號召三千群眾上街，在六輕廠區前封路，不讓員工上班。

麥寮鄉親與六輕廠區代表協商破裂。同一時間，台塑集團副總裁王瑞華在台塑董事長李志村的陪同下，拜會雲林縣長蘇治芬展開一場「Women's Talk」。雲林縣政府洋洋灑灑提出九項要求，總回饋金額超過三百二十億元，包括成立環境保護、復育基金、健康風險評估及流行病學調查、農漁業發展安定基金、造林減碳補助、醫療發展安定基金（健康捐）、輔導就業、麥寮新市鎮三百八十三公頃以區段徵收方式執行、環境道路養護基金等，其中僅農漁業發展安定基金就高達一百億元。雲林縣政府還進一步要求「六輕設廠二十年必須遷廠」的落日條款。

經過四小時協商，雙方針對其中五項訴求達成共識。一百億元的農漁業發展安定基金，王瑞華致電台北向總裁王文淵核報後，當場回覆蘇治芬，釋出善意：「同意台塑集團提撥三十億元作為農業發展安定基金，並分四年編列，其餘經費則與雲林縣政府共同向中央爭取。」至於十年造林減碳三十三億元的經費，台塑也同意將比照林務局做對等補助（該補助款隨著林務局的政策在二〇一三年一月終止，台塑不再接受新申請，但已受理的一千一百二十四公頃造林補助，迄今仍持續執行中）。但對於「二十年遷廠」落日條款，王瑞華堅守底線，最後僅回覆「各自尊重」，顯見雙方歧見仍深。

一場「Women's Talk」，台塑集團為兩場工安事故總計付出逾六十億元的代價；對蘇治芬而言，更完成了多年來的目標。

早在二〇〇六年時，蘇治芬即北上拜會台塑集團創辦人王永慶，建議台塑集團應提撥一百億元設立「農業發展安定基金」以協助鄉親發展農漁業。王永慶理念上雖認同蘇治芬，但不同意「台塑捐贈給縣府百億元」的做法，反倒認為應「拋磚引玉」，由台朔環保科技來投入農業發展。雙方看法不同，也讓該基金設立始終停在只聞樓梯響階段。如今，兩場工安大火讓台塑態度軟化，願意「響應」雲林縣府多年來的政策。

龐大六輕回饋金　模糊工安焦點

雲林縣政府與台塑集團達成共識，部分媒體以「地方政府需索無度、獅子大開口索賠三百多億元」來報導決議內容，使得戰火持續延燒。對於外界疑慮最深的一百億元農漁業發展安定基金，縣府強調將會擬具「專款專用辦法」提送議會通過，並受議會監督，沒有一毛錢進入縣庫自由運用的範疇。然而，一週後，《新新聞》以「人前抱屈、人後收錢」為題，將縣府公文曝光，揭發雲林縣長蘇治芬甫於二十九日率人北上在行政院前下跪，要求中央出面下令六輕總體檢；三十日卻批准台塑化麥寮三廠機械室的使用執照。抨擊蘇治芬透過下跪的政治手段，推卸縣府督導不周的責任，轉移政治責任由中央機關概括承受。

報導一出，引發在地鄉親質疑蘇治芬兩面操作，質疑縣府借工安大火強索回饋金、恐人謀不臧。針對週刊報導，蘇治芬嚴厲駁斥甚至祭出存證信函以捍衛清白。雲林縣政府指出，七月三十日所核發的使用執照，是一般人民申請案件，未涉及製程及生產等高風險，核發權授權為三層決行即可，該案申請日期為二〇一〇年六月二十五日，七月九日進行會勘，會勘結果符合，因此由縣府建管科於七月二十六日決行，並於三十日發文，完全遵照行政程序執行。龐大的回饋金，逐漸模糊了六輕工安事故的焦點，兩場大火的肇事原因，也在泛政治化的爭論中失去了該有的重視。

兩次事故究竟是偶發性人禍造成的意外，或是「先天設計不良、後天環境惡劣」的結構性問題？

事後證明，兩者都是。造成台塑化七月六日大火的「元凶」，是內部沒有落實變更管理。就台塑集團內部檢討後發現，前一次歲修時維修人員發現煉油廠慣用的逆止閥沒有庫存，遂先行向其他部門借調使用「非煉油廠使用的逆止閥」，犯下了致命的錯誤。煉油廠或石化廠管線間輸送的逆止閥，必須是不鏽鋼材質才能耐高度酸鹼值、耐高溫，其中關鍵零組件「墊片」更指定使用石墨或非石綿的材質，才能把油氣體緊緊地鎖住不外漏。而非煉油廠使用的逆止閥，墊片是橡膠成分的鐵氟龍，耐高溫度僅一百八十度；但煉油廠運轉時溫度高達三百二十度，因此墊片很快就會被腐蝕，導致油氣外洩，遇到火花就會引爆。這也是七月六日工安大火發生的主因。

至於七月二十五日煉製二廠第二套重油加氫脫硫單元所發生的火災，與隔一年發生的五起工安事故同樣都屬於「先天管線設計不良、後天環境惡劣」，導致管線設備迅速腐蝕所造成的工安災害，主要是建廠時的結構性問題。

事實上，在六輕運轉五、六年後，台塑集團發現麥寮風頭水尾的惡劣環境比想像中嚴重，導致設備急速生銹、腐蝕。當時已面臨更換管線的急迫性，但因國內技術人員缺乏又無法引進外勞，導致鏽蝕的管線更換進度延後。二〇一〇年至二〇一一年間發生的多起工安事故，皆為汰換順序排在後面的管線。國內一環安專家指出，當時台塑集團若願意分批停工將所有管線一口氣汰換完成，也許可避免二〇一一年的多起工安事故發生。

三個月內三場大火　王文淵親上火線鞠躬道歉

屋漏偏逢連夜雨，平靜不到三個月，運轉已二十五年的南亞嘉義珠光紙廠於十月三日發生大火，連夜燒了十二小時才撲滅，兩千坪廠房付之一炬。隔日，台塑集團總裁王文淵特別南下視察事故現場，並拜會嘉義縣長張花冠，強調南亞會在一個半月內針對嘉義太保、新港廠區全面安檢，杜絕工安事故再次發生。至於後續賠償相關事宜，王文淵表示南亞會負起全責，並以九十度鞠躬向所有嘉義地區居民表達最深歉意。

為宣示台塑集團落實工安的決心，王文淵率領七人小組在創辦人王永慶逝世兩週年前夕召開記者會。除了再次向社會大眾致歉，也一一說明三場工安事故的處置與善後。南北奔波的王文淵坦承「很苦」，對自己曾負責管理的南亞嘉義廠發生火警納悶不已，直說「沙嘸」（搞不懂）；但發生工安就代表做不好，「對於外界的批評指教，都會虛心接受。」王瑞華也表示，危機處理差強人意，唯一慶幸的是三起工安事故都沒有人員傷亡，而集團也會傾力落實工安，防止意外發生。

一名台塑集團主管曾私下自嘲：「經理級以上中高階主管現在最怕的，就是晚上有簡訊。一有簡訊就表示又有工安事故發生，晚上都睡不安穩，總覺得手機好像有震動，一晚要爬起來好幾次確認。」

二〇一一年六輕五場大火　七人小組接班面臨最嚴峻挑戰

二〇一〇年七月的兩起台塑化工安事故，也讓雲林縣政府與台塑集團關係降至冰點。外傳當時台塑集團總裁王文淵委託立法院院長王金平出面，協助台塑與雲林縣政府溝通，王金平遂向王文淵舉薦二〇〇九年十一月甫自消防署退休的前署長黃季敏出任顧問，但王文淵考量黃季敏不具石化專業，當下並未採納王金平的建言。

未料，二〇一一年上半年六輕廠區接二連三發生起火意外。先是台塑化的OL-2廠一條兩吋的輕油管線於三月二十九日破裂起火；五月十二日，連接自南亞海豐廠區的異壬醇廠至麥寮廠區的公用LPG（液化石油汽）管線洩漏，引發大火衝擊廠區運作；十八日管線內殘餘二度引燃。兩個月不到，六輕三起大火燒出朝野政黨對六輕安全的質疑，停工安檢聲浪高漲。

傳聞指出，台塑集團總裁王文淵再度向立法院長王金平尋求協助。王金平則認為「人才我都推薦給你了，我也不知道還能幫什麼忙？」不到半個月，王文淵火速簽下黃季敏人事案，五月二十七日宣布將聘雇前消防署署長黃季敏出任台塑集團總管理處副總經理兼麥寮區總廠長。

然而，人事案一宣布，引起集團內部議論紛紛。姑且不論台塑集團人事升遷向來嚴謹，經理級以上人事案皆需經過七人小組會議討論，台塑集團更從來沒有

「麥寮區總廠長」的職務。如今，黃季敏人事案不僅未經七人小組討論就定案，更有「因人設事」之嫌。

找了一個「滅火、救災」的黃季敏，無法解決工安上的危機。七月底，台塑化再爆事故。先是二十六日台塑化OL-1廠氫氣管線爆裂起火，四天後，三十日凌晨台塑化的煉三廠丙烯脫硫乾燥器破裂，造成丙烯外洩起火。而在前一晚（二十九日），黃季敏人卻在台北世貿聯誼社三十三樓與媒體餐敘。負責工安的總廠長在事故發生前後人都不在廠區，凸顯了黃季敏的不適任。

短短一年內，六輕七起大火，燒毀全民對六輕工安的信心。在三十日上午八點的七人小組會議上，台塑集團創辦人王永在次子、台塑化董事長王文潮負荊請罪，引咎辭職；而總經理蘇啟邑也選擇同進退。事實上，在二十六日台塑化工安意外再起時，王文潮已向七人小組提出辭呈；但當時七人小組認為在第一時間點，解決問題最重要，因此力勸他打消辭意。未料，三十日台塑化又爆工安大火，王文潮堅決請辭，以示負責。七人小組對外面臨高漲的民怨，對內則是台塑化掌舵者請辭、軍心動盪；台塑集團接班團隊面臨最嚴峻的挑戰。

總統馬英九於八月一日指示當時行政院長吳敦義舉行跨部會會議，對台塑提出「七次工安事故有關的生產設備及場所全面停工安檢，以及一年內六輕六十三座工廠分批停工檢查」等四大要求。隔日，總裁王文淵率領七人小組成員到經濟部拜會經濟部長施顏祥，表達一年內六輕分批全面停工檢查有困難，但經濟部堅守「一年完成」的期限。最終，雙方達成協議：「台塑集團提出一年歲修以及停工檢查計劃，風險較高的工廠列為優先，其餘工廠則安排停工檢查時間。」

■六輕大火　台塑十億元買單？
蘇治芬：「捐款與工安事件無關。」

正當台塑集團為了一年分批停工安檢而焦頭爛額之際，八月十二日，雲林縣議會驚爆台塑集團於台塑化工安事故的隔天（二十七日），撥款十億元入雲林縣政府縣庫。

議員李建志質詢時指出，台塑十億元入縣庫且採無須經議會監督「代收代付」的模式，痛批縣府拿六輕工安意外當籌碼，收台塑集團的「黑錢」。對此，縣長蘇治芬駁斥：「所有回饋金都納入公庫，沒有一毛作為私人所用。」她強調，台塑六輕歷年都有回饋，且近五年台塑捐款改善環境經費已超過六十五億元，未來也會朝回饋法制化方向走。

蘇治芬受訪時指出，這筆捐款是去年（二〇一〇）十二月就決定，擬用於減碳計畫，但因諸多因素無法配合，才改為今年（二〇一一）捐贈。其中五億元在當地興建「布袋戲藝術館」，其餘資金則分別興建「國際會議廳」以及「農博會農業示範區展館」等三種用途，與工安事件無關。蘇治芬說：「台塑捐款與監督六輕是兩碼子事，縣府絕對依法行政。」她也澄清，回饋金是七月十九日入帳，且如果她真要向六輕開口要回饋，又「豈止這樣？」

這十億元究竟是二〇一〇年底即已拍板的例行性回饋金，或是台塑為二〇一一年六輕連續大火所付出的「代價」，各說各話。唯一可以確定的是，這筆回饋金之巨前所未見，也紓解了雲林縣政府窘困的財政。

遵照行政院指示，台塑集團於一年內分批停工檢修六輕廠區內六十三座工廠，卻也因此讓六輕業績飽受衝擊。其中，高溫高壓的台塑化三座煉油廠率先全面停工，八月份八成營收歸零。身為四寶火車頭的台塑化熄火，牽動台塑四寶營運降至谷底。

台塑化二〇一一年第三季單季營收季減二五・一％、單季稅前虧損一四・一六億元、季減一一三・六％、單季每股稅前虧損〇・一五元，吃掉上半年的獲利，影響台塑化前三季每股稅前盈餘降至三・〇五元，位居四寶之末。而其餘三寶第三季也受六輕停工衝擊而營運慘澹，其中台塑與台化第三季單季稅前盈餘季減逾二成。六輕分批停工檢修對台塑集團的營運衝擊，持續至二〇一二年八月，直到九月全面復工後，台塑四寶營運才走出谷底。

經過一年分批停工安檢，台塑集團度過了慘澹的一年，終於在二〇一二年八月取得第三公政單位的認可，即將全面復工。但屋漏偏逢連夜雨，過去一年多來，黃季敏的消防專業仍未贏得台塑集團上下認可，就已經因為消防署長任內的貪污罪嫌，讓台塑集團再成焦點。

同年八月二十九日，檢調單位發動搜索，同步搜索黃季敏信義區豪宅以及台塑大樓二樓辦公室，查獲十八塊金條，其中十五塊一公斤重的金條放在辦公室內的抽屜，因此認定黃季敏於二〇〇三年至二〇〇九年在消防署任職期間，涉嫌利用採購消防設備圖利廠商一億餘元，罪證確鑿，因此當庭聲請羈押獲准。黃季敏成了台塑集團第一位從外部聘任進集團，卻因涉嫌貪汙而遭羈押的副總，也是膽大妄為地在辦公室抽屜內藏了十五塊金條的高層。

時隔數年，談起這段往事，一內部主管透露，黃季敏在收押前，已向內部提出消防監控設備的採購案。內部主管還在評估時，黃季敏就已遭到搜索，「還好他被押得快，不然手就要伸進台塑集團了。」

究竟，黃季敏人事案是否為王金平所引薦？據一高層透露，當初是二〇一〇年底一次聚會上，院長王金平跟幾位政商界友人聚餐，包括集團總裁王文淵、南亞光電董事長王文潮、總管理處副總經理王瑞瑜當時與王金平同桌，「結果黃季敏就跟院長王金平敬酒，後來也跟總裁他們敬酒，院長就介紹他們認識。可以說是引薦，但還不算力薦。可能也是黃季敏積極主動，隔年工安又出事，他就進來了。」

風頭水尾　管線生銹腐蝕釀大禍
台塑斥資一百四十億　全面汰換管線護工安

究竟，六輕七場工安大火肇事原因為何？

不管是台灣金屬中心或德州農工大學的報告，肇事原因皆為管線腐蝕所致。

在中油服務滿四十年、退休後轉任台塑化董事長的陳寶郎表示，六輕七次工安大火，除了一次因變更管理的人為疏失、一次因先前工安大火管線殘留原料導致二次起火外，其餘五次皆由管線外部開始腐蝕至內部，導致油氣外洩所致。「關鍵還是麥寮的氣候跟環境，對六輕管線的腐蝕程度，遠超過預期。」

陳寶郎強調，國際煉油廠的興建跟採購都按照美國石油學會（API）的標準，不管是中油或台塑化都遵照API的規定。API規定，煉油廠設備絕大多數採用碳鋼，部分酸性特別高的原料或特別低溫才會使用不鏽鋼，「中油的煉油廠也是碳鋼材質，六輕先前工安事故頻傳，主要還是夾帶鹽分的細砂卡住管線接縫，造成生銹腐蝕。」因六輕石化廠密布，導致管線過於集中；六輕又位處風頭水尾的濁水溪南邊，枯水期河床乾燥，會有很多帶有鹽分的飛砂被吹到六輕石化園區，卡在管線與管線的接觸點。經年累月的風吹日曬雨淋，最後就由外往內腐蝕了管線。

一石化業者指出，當年台塑集團四年內將蒼海化成桑田寫下一頁傳奇，但畢竟人無法勝天。當年為了全面趕工，需要許多電銲工技術人員，一些能力還不足的電焊工也上陣，「那時六輕全面趕工，監工很難完全落實，導致工程品質參差不齊，十年下來問題就會陸續浮現。」

經過一年的分批停工檢修，台塑集團釜底抽薪全面汰換管線後，也採用四氟的油漆防蝕塗料。六輕石化園區的先天環境不良，又因石化廠密集導致後天維修上不易，投產十年所締造的台塑神話，就在二〇一一年一次次工安大火中焚毀。

內憂再起：王文洋遺產訴訟一路延燒

二〇一一年對接班的七人小組而言，無疑是內憂外患的一年。

除了工安事故不斷，王文洋的跨海訴訟戰也再起。自二〇〇九年五月向美國紐澤西州法院遞交訴訟狀，鳴起第一槍後；王永慶遺產之爭的戰火，在五年內從美國、台灣、香港一路燒到百慕達。訴訟官司從遺產管理人之爭、王永慶遺產繼承權確認之訴、質疑三房某些成員非法挪用並不當持有王永慶婚後財產，到王永慶大房王月蘭監護人爭議等，戰火不斷延燒，迄今香港與百慕達官司都仍持續進行中，六起跨國訴訟累計之訴訟費用已逾新台幣數億元。

二〇〇九年八月，美國紐澤西州法院針對王文洋聲請指定他為父親王永慶遺產管理人的案件，法院裁定進入事實審後；台灣的戰火則因王文洋遞交的王永慶遺產稅申報書中，排除母親楊嬌及三房李寶珠為父親的遺產繼承人而興起。李寶珠於二〇〇九年第三季向台北地方法院提起確認繼承權官司，控告王文洋侵害繼承權以反制。

不到兩個月，新戰線再起。二〇〇九年十月十五日，王永慶逝世一週年，前國大議長蘇南成以「小股東」身分，到高雄地檢署遞狀控告台塑董事長李志村、常務董事王瑞華等二人涉嫌背信、違反證券交易法等罪。蘇南成指出，台塑在中國投資漳州電廠，資金來自台塑轉投資的「台塑美國公司」，並以華陽電業公司名義向中國申請核准登記，華陽電業公司應屬於台塑美國公司。但在二〇〇五年，華陽電廠被台塑少數高層私下無償轉讓給不屬於台塑關係企業的華陽投資公司，而這家投資公司的代表人即當時位居六人小組成員的三房長女王瑞華。蘇南成質疑王瑞華此舉等同損及全體台塑股東權益，因此以小股東的身分舉發兩名被告違法。

排除繼承權　李寶珠狀告王文洋

二〇〇九年十月二十一日，李寶珠確認合法配偶訴訟首度開庭。為了讓王永慶的遺產爭議盡早落幕，王永慶外甥周俊雄居中協調。兩個月後，二〇〇九年十二月三十日，李寶珠與王文洋兩造達成協議。王文洋在協議中同意，將撥出大房王月蘭繼承自王永慶遺產的二分之一，贈與二房楊嬌與三房李寶珠（意即同意楊、李二人可繼承王永慶遺產）；李寶珠則同意撤回訴訟。

二〇一〇年五月二十六日，王永慶三大家族簽署遺產分割協議。基於先前協議，王月蘭代理人王文洋同意把王月蘭繼承自王永慶的遺產撥出二分之一，平均贈與二房楊嬌與三房李寶珠；而三房家族成員包括李寶珠、王瑞華及王瑞瑜等人則保證，她們不會質疑王月蘭女士的行為能力、或王文洋擔任王月蘭代理人的資格。契約贈與書上格式相同，都由王文洋代王月蘭處理，且王文洋自己也簽名蓋章並簽署「代」字。

同年九月三十日，王永慶遺產繼承人繳納一百一十九億元的遺產稅，創下台灣遺產稅史上空前絕後的紀錄。王永慶高達五九五．五億元的遺產進行分割、過戶。王永慶九名子女，每人可分配一二．四億元。而大房王月蘭基於夫妻財產差額分配，原本可配得二九七．七五億元的遺產；但基於遺產分割協議，將撥出所繼承遺產的一半，再對等贈與楊嬌及李寶珠，並由代理人王文洋代為贈與。王月蘭總計繼承四．七五萬張台塑股票，一一．四四萬張南亞股票以及一〇．二八萬張台化股票，以王永慶辭世時股價，所繼承股權估算約一百六十一億元。而楊嬌與李寶珠兩人則各自繼承約當七四．四四億元價值的股票，並應兩人要求，直接過戶兩人的第二代、第三代總計四十名家族成員。

■失智多年的王月蘭簽名贈與逾百億持股？

二〇一〇年十一月十一日，王永慶遺產全數分割過戶完成。王月蘭該年度總計繳交二七．八億元的贈與稅，遠超出贈與二房楊嬌、三房李寶珠所應繳納之一三．〇五億元的贈與稅。不禁令承辦人員疑惑王月蘭還把財產給了誰？

一年之後，答案揭曉。

二〇一一年十二月中旬，一不願具名的讀者透過網路向《蘋果日報》爆料，並提供王永慶大房王月蘭二〇一〇年十二月二十三日的贈與契約書。該份資料指出，二〇一〇年二月五日，王月蘭名下八七％繼承自王永慶的三寶股權，總計高達二三．四三萬張股票，已「轉贈」給王泉仁、王思涵、王泉力及呂安妮等四人。若以爆料當時（二〇一一年十二月二十五日）的股票收盤價估算，贈與股票市值高達一七〇．一億元，遺產稅繳交一四．七四億元。

從時間點來看，王月蘭繼承自王永慶的遺產，二〇一〇年十一月十一日才過戶完成；換句話說，股權尚未完成過戶，王月蘭可獲得的市值逾百億元三寶股權，就已經確定落入王文洋子女與女友呂安妮等四人口袋。

爆料者指控，由於該贈與契約書上僅見王月蘭的簽名與蓋章，並無代理人王文洋的簽名與蓋章，質疑在無代理人的情況下，早已於二〇〇八年六月被長庚醫院宣告失智且多年來無法自行簽名的王月蘭，如何「贈與」名下八七%的三寶持股給王思涵等四人？爆料者進一步質疑，若王文洋以王月蘭代理人身分轉贈王月蘭名下大筆資產給自己的子女，恐有違民法、有「自肥」之嫌，因此蓄意未以代理人身分在贈與契約書上簽名蓋章。

當時在《蘋果日報》任職的我，於十二月二十四日向王文洋委任律師李文中求證，同時透過郵件向王文洋辦公室提出採訪邀約，並提出四個書面問題，盼能獲得王文洋一方的回覆。隔日，李文中取得王文洋同意後首度證實：「基於王月蘭的意思，代替王月蘭將名下資產贈與王思涵等四人，對於贈與總股數則不予以評論。」李文中強調，王文洋早已於二〇〇五年八月取得王月蘭授權書，可以全權處分交易贈與王月蘭名下資產，且王文洋與王月蘭情同母子，身為其代理人依法為王月蘭爭取遺產並按其意思處理財產，「絕對沒有違法。」

據爆料者提供王月蘭贈與契約書顯示，王思涵受贈總張數達二〇・九萬張，其中贈與給王思涵台塑三・二萬張、南亞十萬張與台化七・七萬張，相當於持有台塑〇・五％股權、南亞一・二七％股權以及台化一・五七％股權，以二十五日三寶收盤價估算，總市值約一五〇・六八億元。而王思涵持有南亞、台化逾一％股權，有名列前十大股東的實力。然而，在二〇一二年四月三十日，王思涵名下的三寶股權不到〇・一％，顯見絕大多數獲贈的三寶持股已處分。

事實上，王文洋早在二〇〇五年時便取得女兒王思涵簽署的一份委託證明書，在二〇一五年十二月底前，王文洋可處分王思涵名下資產。同樣在二〇〇五年，王文洋也取得王月蘭的授權狀。同年取得大媽王月蘭及女兒王思涵兩人的授權狀；五年後，王月蘭逾一百五十億元的三寶股票贈與王思涵。整件事情似乎早在王文洋的掌握中。

王文洋委任律師也發布新聞稿強調，這起爆料事件始於有心人士進行的誹謗中傷計畫，目的就是轉移焦點，使公眾和法院不去針對二〇一一年十二月十九日在香港法院對三房從事不當行為，自王永慶的遺產轉移了一百七十億美元的指控。爆料人士是否為王文洋一方所稱為特定對象所指使的「有心人士」不得而知，但可以確定的是，王永慶遺產風波並未隨著遺產分配過戶完成而畫下句點。

王文洋以王月蘭之名屢屢發動攻勢
三房回防　王月蘭監護權開打

二〇一〇年十一月十一日，王永慶龐大遺產完成過戶。但王文洋在隔年五月加重美國訴訟的攻擊力，再度以王月蘭的名義，在華盛頓特區和紐澤西州的聯邦法院指控三房李寶珠、王瑞華等人挪用並不當持有王永慶的婚後財產，侵害王月蘭的夫妻財產請求權。

從二〇〇八年十一月，王文洋以王月蘭代理人之名義向王永慶三房李寶珠寄出存證信函，要求公布王永慶名下所有財產開始，海內外數起訴訟，王文洋皆以「王月蘭」之名發起攻勢。其授權來自二〇〇五年八月二日王文洋取得王月蘭的委任狀，包括全權處理王月蘭名下財產，甚至代表她以遺孀身分在所有文件中簽名蓋章。王永慶辭世後，王月蘭為王永慶的遺孀，王月蘭的授權狀宛如王文洋的「萬能鑰匙」，企圖藉由訴訟來打開海外五大信託這個潘朵拉的盒子。

不堪王文洋屢屢以大媽王月蘭之名興訟，與三房家族關係親密的王月蘭遠親黃淯綺，突然跳出來向台北地方法院聲請，選任「王詹樣社會福利慈善基金會」擔任王月蘭女士的監護人。黃淯綺還同時出具王月蘭胞妹張楊綉雲的同意書，以及王詹樣基金會董事長王永在用印同意書，表示王詹樣基金會願意擔任王月蘭的監護人。

對於黃淯綺突如其來的法律行動，王文洋委任律師痛批三房惡意指使黃淯綺提出聲請，質疑任職於高雄長庚醫院的黃淯綺近三十年從未探視過王月蘭，卻於此時提出監護聲請，根本是「被三房利用的棋子」，目的就是要阻止王文洋調查王永慶海外遺產。王文洋一方於二〇一一年十二月二十一日發布新聞稿質疑，高齡八十六歲的張楊綉雲早已神智不清，不可能出具同意書；且王永在近年身體欠佳，質疑王永在同意書的真實性。王文洋將矛頭指向王永在，也讓王永在家族大怒痛斥他「不尊重長輩」。

王文洋隨即也向法院聲請選任他為王月蘭的監護人，並強調他終身與王月蘭具有母子關係，王月蘭於二〇〇五年授權王文洋處理她名下所有財產，包括可繼承的財產，足以展現對王文洋的信任。但也有家族成員質疑，王月蘭終身未領養王文洋，王文洋身分證上的母親欄仍為楊嬌，不知王文洋口口聲聲所指的「終身與王月蘭具有母子關係」的依據，究竟從何而來。

紐澤西訴訟敗北　王文洋轉戰香港另闢戰場

正當王文洋與三房李寶珠家族就王月蘭的監護權一事，在台北地方法院數度正面交戰時，王文洋在紐澤西州聲請「指定他為父親王永慶遺產管理人」的訴訟，於二〇一一年十二月八日遭紐澤西州法院以「沒有管轄權」為由駁回。在王永慶遺產訴訟大戰中，王文洋與三房李寶珠家族的兩軍對峙，三房李寶珠在紐澤西州法院獲得首勝。

十一天後，王文洋再度出手，這次將戰線拉到香港。

王文洋在二〇一一年十二月二十日，連同王永慶大房王月蘭向香港高等法院提出民事訴訟，控告華陽投資（香港）和永誠國際投資等十三人，非法挪用王永慶海外遺產部分資產，影響繼承人權益。王文洋在訴訟狀中估計，父親王永慶海外五大信託的資產高達一百七十億美元（約台幣五千一百七十億元），其中僅香港就有四十億美元的資產。被告之一的三房次女王瑞瑜當時回應：「這是他片面之詞，此案與美國官司雷同度高，靜待司法判決。」

王文洋向香港高等法院控告掌管中國華陽電廠、洛陽大飯店的華陽投資（香港）以及永誠國際投資等兩公司，被告包含王永慶三房長女王瑞華、次女王瑞瑜及三女王瑞慧、王瑞紀、台塑集團顧問洪文雄與華陽投資董事長饒見方等十三人。王文洋委任的香港公關公司 FTI Consulting 發布新聞稿指出，過去三年多，王文洋透過全球性調查發現一系列布局精密的詐騙行為，目的是隱瞞王永慶的海外資產，並剝奪多數繼承人含二房姊弟能繼承的合法遺產。

王文洋選擇在香港提起訴訟，頗有直搗黃龍的意味。因為先前王文洋於美國的訴訟，就是因為王永慶在紐澤西州沒有個人名下的資產，因此遭紐澤西州法院以沒有司法管轄權為由駁回。此次，王文洋向香港高等法院提起的訴訟，是基於二〇〇九年一月王永慶大掌櫃洪文雄所提供的文件，足以證實王永慶在中國擁有電廠等明確資產，卻遭被告十三人所非法挪用，因此提告。王文洋於訴訟狀中進一步指出，父親王永慶海外高達一百七十億美元的資產被「注入」海外五大信託中，且所有成立文件並未有王永慶簽名，也沒有任何證據顯示王永慶知情。

弔詭的是，王文洋大動作發布新聞一口氣狀告十三人，結果這十三名「被告」卻無一人收到訴訟狀，最後該起案件因超過一年的訴訟期限而失效。對於案件逾期失效一事，王文洋委任香港公關公司 FTI Consulting 表示，主要是因為王永慶大房王月蘭的健康惡化，使王文洋無心跟進訴訟。

王月蘭辭世　王文洋跳到第一線與大表哥周俊雄結盟？

二〇一二年五月，王文洋以王月蘭之名向華盛頓特區和紐澤西州的聯邦法院所提起的訴訟案，也因王月蘭非美國籍而拒絕受理，王文洋美國訴訟二度受挫。同年七月一日，王月蘭辭世；但王文洋的全球遺產訴訟方興未艾，甚至加強攻勢、擴大戰場，還一度傳出與大表哥周俊雄「結盟」。曾任「大掌櫃」的周俊雄，甚至不排除出庭說明自己對五大信託資金來源的了解。

周俊雄為王永慶大姊王罔市之子，在一九七四年至一九七九年間曾任台化經理負責採購業務，之後離開台塑集團並前往加拿大定居，與家族成員鮮少連繫。但從大舅王永慶辭世後，王文洋與李寶珠為了遺產繼承權興起多起訴訟，周俊雄稱「董座（大舅）王永慶對我恩重如山」，因此出面居中協調王文洋與李寶珠之間的歧見，「遺產的問題就是我出面協調的，我就是希望事情能早日落幕。」

周俊雄在二〇一二年七月下旬主動致電證實：「曾建議王文洋與王文淵等人，讓兩大家族分家，將海外五大信託基金分拆，一房管一基金。」但周俊雄否認是「王文洋的結盟者」。周俊雄說，樹大就要分枝，怎麼可能說永不分家？海外信託全部綁在一起，由一個管理委員會來管，這違法自然界的定律，「而且你說台塑這三年出了這麼多事情，說不定以後股票都變成壁紙，怎麼可以規定說五大信託基金都只能投資、持有台塑集團的股票？」

周俊雄同時也證實，先前王永慶與王永在兩大家族曾經開過四次會議，討論把海外五大信託基金的管理人從五人擴增為八人，由王永慶二房與三房、王永在大房及二房等四個家族成員各派兩席代表來管理，「但是這樣不對，為什麼要綁在一起哩？」周俊雄說，他曾建議兩大家族成員，既然海外總共有五個信託，就應該對等去分，以房來分，董座有三房妻室、總座有兩房妻室，總共就五房，那就分開來，一人管一個基金，一個基金會一個董事長，大家各管各的，該繳的稅就繳一繳，何必搞一個管理委員會什麼都要管。

■周俊雄：海外五大信託資金來源可能違反匯率管制條例

對於當時外傳周俊雄不排除出庭說明海外資金來源一事，周俊雄說：「如果是法院傳喚我能拒絕嗎？」周俊雄意有所指地說，如果當初不是故意犯法但還是犯了，那我還是會出庭。至於所謂的違法，指的是違反什麼法？周俊雄說，錢的來源他知道一些，「這錢有的是台灣去的，有的是美國的，王文洋若進去這五大基金，他也變成違法，因為明明知道這五大信託基金是假的、說是charity fund（慈善基金），但事實上不是，這不是違法嗎？雞蛋再密也有縫啦！」

隨後，周俊雄又態度軟化地說：「有違法、沒有違法，這個我不敢說，這要看政府的認定。」筆者再度追問：「所謂的違法是指違反管理外匯條例嗎？」周俊雄則回：「是管理外匯條例。但有沒有違法這我不敢講，要看政府認定，可能是有這部分的問題。所以呀，王文洋不敢進去呀。」

對於周俊雄的「違法說」，當時我曾求證一王家家族成員，該成員痛斥：「他在影射什麼？他是法律專家嗎？他懂信託嗎？他又能證明什麼？他早在一九七九年就已經離開台塑集團了，那時候海外信託根本就還沒有成立，他是知道什麼？那時候的事情只有董座跟總座清楚。」該名成員強調，海外五大信託統一由五位管理委員會委員管理，是董座（王永慶）、總座（王永在）指示設立的制度，豈可任意變更，「況且他（周俊雄）又不姓王，一個局外人，有什麼資格說話？」

■王文洋直搗黃龍　前進百慕達狀告四大信託以及大掌櫃洪文雄

周俊雄證實曾建議海外五大信託分拆的新聞於二〇一二年七月下旬見報後，

同年八月九日，王文洋以該篇「海外五大信託基金　王文洋傳主張分拆管」報導作為證據，向台北地檢署控告台塑集團兩大帳房洪文雄、饒見方及南亞塑膠前會計經理蔡茂林等「其他相關人」涉背信、侵占及內線交易。王文洋友人不諱言，控告之目的是「告帳房，查三房」。

不到四個月，二〇一二年十二月五日，王文洋二度向香港高等法院遞狀，此次是聲請法院指定他為王永慶遺產管理人，以調查王永慶在香港是否有遺產。在香港的訴訟還沒有裁定，王文洋又第三度出招跨海訴訟。二〇一三年四月八日，王文洋直搗黃龍，向百慕達最高法院遞狀，控告百慕達四大信託及王永慶的「大掌櫃」台塑集團顧問洪文雄，非法將王永慶高達一百五十億美元的資產注入百慕達四大信託。

王文洋主張王永慶資產違法轉移至四大信託應屬無效，四大信託所託管的一百五十億美元資產，應歸回給王永慶遺產的所有合法繼承人。事實上，從二〇〇九年的紐澤西州法院訴訟至二〇一三年遞狀百慕達最高法院，王文洋始終主張，海外五大信託是在父親王永慶不知情的情況下遭違法移轉，且海外信託皆為王永慶的一人資產，應歸還給王永慶的合法繼承人。

一名熟悉海外信託業務的專家指出，王文洋整個跨海訴訟的最大挑戰，在於百慕達法律的特殊性。因百慕達法律允許永久信託，且不需要明確的信託受益人，是由信託管理人根據基金成立目的來支配信託基金，而百慕達也不承認其餘國家法院的判決結果。換句話說，王文洋要打破父親王永慶生前設立的四大信託，決戰場就在百慕達法院。此外，王文洋必須證明王永慶是在不知情或不清楚的情況下成立信託，受託人缺乏代理正當性，信託機制才有可能宣告無效。然而，隨著被告洪文雄手中關鍵證物曝光，王文洋全球訴訟行動受挫。

二〇一四年二月，百慕達法院傳喚相關證人出庭，而台塑集團高層也以「出具書面證詞」方式回覆庭訊。其中，洪文雄出示創辦人王永慶、王永在兩人親筆簽呈，以證明海外五大信託為兩位授權成立。此關鍵證物出現，等同證實海外五大信託的成立不僅王永慶知悉授權，且所託管資產為王永慶與王永在所有，重挫王文洋的百慕達遺產訴訟。

隨著台塑集團創辦人王永在於二〇一四年十一月二十七日辭世，王文洋戲劇性地變更百慕達的訴訟策略，同意被告所主張「海外五大信託託管資產源自兩位創辦人王永慶與王永在」，而這個令人意外的轉折，將留待下一章節詳述。

6

接班十年成績與未來挑戰

新聞現場：2015／10／6
地點：台塑大樓

南亞科（2408）總經理高啟全5日驚傳跳槽中國紫光集團，引起業界震撼。南亞科第一時間證實，高啟全申請退休，除肯定高啟全過去貢獻，並「樂觀其成」未來高啟全致力中美台 DRAM 大結盟。董事會6日通過高啟全退休案，但高仍出任南亞科董事，讓美光、南亞光與紫光集團的未來關係更耐人尋味。

南亞科起死回生
寫下DRAM史上一頁傳奇

沒有一家公司，比南亞科更能刻畫出台塑集團的繼承者們過去九年走過的坎坷路，以及未來面臨的挑戰。

從三年前差一點下市，到如今淨值超過五百億元，南亞科寫下台灣DRAM史上一頁傳奇。正當外界將「起死回生」的光環，歸於即將前往中國紫光集團任職的高啟全，南亞科董事長吳嘉昭僅淡然地說：「DRAM事業非一人可動搖。」確實，從一九九五年成立迄今，南亞科的投資對台塑集團而言，是一部辛酸血淚史。

DRAM產業多年來一直在重複擴張及虧損的循環，營運大起大落。二〇〇八年至二〇一二年間，南亞科與華亞科五年內總計虧損兩千兩百九十億元。長達五年的時間，政府曾有意出手金援，卻因手法失當成了業者口中的「禿鷹TMC

計畫」；台塑集團也曾評估要結束DRAM事業，考慮出售南亞科與華亞科，卻因兩岸科技業自顧不暇而不了了之。最後，透過「對內四寶金援南亞科」、「對外重啟美光談判」的策略雙管齊下，南亞科存活下來了。

政府金援DRAM 變身「禿鷹TMC」

時間拉回二〇〇八年底，DRAM、面板、太陽能、LED等同列四大「慘」業，其中又以DRAM受創最深。為避免DRAM業者倒閉，衝擊數十萬家庭生計，政府萌起「出手救DRAM」的想法，總統馬英九甚至慷慨激昂地說出：「沒有救DRAM產業，我就不配當總統。」

十二月十五日，經濟部次長施顏祥指出，針對DRAM目前的現況，政府短期將採「應急紓困」；長期則是「整合創新」，以力促業者整合為目標，傾向「台、美、日」三方共同合作。台塑集團總裁王文淵於二〇〇九年一月二十一日主動求見總統馬英九，希望能在提出產業整合計畫後，獲得政府紓困。總統馬英九則以「經濟部對DRAM產業的紓困，有很完整的一套機制」為由，未下達任何裁示。

二月，情勢逆轉。原本政府僅從旁「力促業者整合」，如今卻跳到第一線，主導成立新公司以主導DRAM業者整併計畫。經濟部長尹啟銘表示，由政府主導整併，邀請有意願的企業加入，「沒有意願的企業則讓其自行發展。」相較於部長尹啟銘力倡「由政府主導整併」的立場，施顏祥態度相對保守。施顏祥認為，整併DRAM業者很複雜，每一家都是民營公司，有股東、董事會、不同背景，執行過程中必須不斷修正。二月二十日，尹啟銘表示，整併將從美、日兩大陣營中選出一合作夥伴，等同否決去年（二〇〇八）底施顏祥「傾向台、美、日三方合作」的立場。

兩週後，身兼DRAM產業整併重責的新公司台灣記憶體公司（TMC）成立，經濟部長尹啟銘邀請聯電榮譽副董事長宣明智出任TMC籌備召集人。三月十日，宣明智公開表達「反對整併，業者應自救」的立場後，最先開砲的是力晶董事長黃崇仁。三月十二日，黃崇仁痛批政府政策大翻盤，諷刺「TMC當禿鷹」，抨擊政府就是等現有DRAM公司都倒了，再進場低價收購機台；黃崇仁並痛斥TMC根本是私相授受，質疑宣的DRAM經驗不足。

台塑集團高層指出，TMC計畫不是救DRAM，「根本是在謀殺產業。」該名高層指出，台灣DRAM業者的投資總額約有七、八千億元，TMC出資不過七百億元，「你要所有DRAM業者打一折讓TMC整併？這叫進場撿便宜，這叫禿鷹，這不是救DRAM產業。」

三月十七日，宣明智拜會台塑集團，總裁王文淵率領南亞董事長吳欽仁、南亞科董事長吳嘉昭以及華亞科董事長連日昌等高層出席。原以為一場關係到TMC整併南亞科的重要會晤，卻因宣明智一句「我不跟他們談」（意即不跟吳欽仁等人談），惹惱了王文淵。王文淵直白回道：「你不跟他們談？那我不知道你今天來幹嘛？」不到五分鐘，會晤就草草結束。而在這段期間，失去政府關愛眼神的黃崇仁與王文淵兩人互相取暖、熱線不斷，堅定「捍衛產業」的立場。

四月一日，宣明智宣布爾必達入列ＴＭＣ合作夥伴。隔日，日本媒體報導，爾必達有意出售一〇%股權給ＴＭＣ、也可能投資ＴＭＣ，未來爾必達與ＴＭＣ將交叉持股、深化合作；「ＴＭＣ聯日」態勢已定。雖然宣明智口頭上仍「敞開與美光合作大門」，但美光陣營的台塑集團早已心知肚明。

隨著國內業者反彈聲浪高漲，就連政界也驚覺「拿台灣納稅人的錢，優先救日本ＤＲＡＭ業者」不妥。立院經委會十一月十一日決議，要求經濟部停止ＴＭＣ計畫。

政府出台的「ＤＲＡＭ改造方案」，到頭來仍是一場空。台塑集團僅能自救。二〇一〇年至二〇一一年間，台塑集團最高行政中心有人提議「壯士斷腕」，探尋中國科技業是否有意接手南亞科與華亞科。但當時中國科技業同樣飽受金融海嘯衝擊，且無跨入ＤＲＡＭ業的決心，未有具體進展。

為扛台塑誠信招牌
王文淵拍板救DRAM

二〇一一年八月，六輕因一年七次工安事故遭行政院下令停工六輕檢修一年，六十三座工廠分階段停工檢修，重創台塑四寶業績。而南亞科已彈盡糧絕，瀕臨下市危機，救與不救，成了台塑集團最苦惱的問題。行政中心傾向力挺南亞科，但台塑、台化以及台塑化內部忐忑不安。甚至有高層私下探詢總裁「我們家可不可以不認」，踢到王文淵下令「四寶都要認」的鐵板。面臨六輕被下令分批停工檢修一年，如今又要「割股療親」，台塑四寶高層心裡有苦說不出。有主管私下擔憂，景氣不好錢難賺，埋怨南亞科是台塑集團的財務黑洞。

二〇一五年九月二十五日，王文淵在接受筆者專訪時提及當時處境，坦承相當苦惱，晚上睡不好。他理解其餘三寶不想注資南科，畢竟錢丟下去可能拿不回來。但南亞不能不救南亞科，而僅憑南亞一家企業的力量也救不回南亞科，「最重要的是，南亞科不救不行。」

當王文淵正為了救不救南亞科而憂心時，一日他在中國的機場巧遇富邦金控董事長蔡明忠。蔡明忠探詢：「DRAM狀況如何？」王文淵據實以告：「很不理想。」蔡明忠於是告訴王文淵，富邦金控持續對南亞科資金借貸，「是台塑我才借的，我對台塑有信心。」這句話，讓王文淵清楚自己的決定。憶及往事，王文淵頓了一下，繼續說：「人家對我們有信心，台塑不能對人家沒有誠信。台塑這塊招牌，我要扛著。」而台化副董事長洪福源說，當初他不看好總裁這個決定，「我必須說，是總裁的韌性，拍板四寶注資，才救回了南亞科。」

■台塑四寶金援逾四百五十億元 高啟全獻策重啟美光談判

有著富爸爸台塑集團強而有力的臂膀支撐，南亞科與華亞科走過二〇一一年的死亡幽谷。反觀日本爾必達因無力償還銀行團的借款，於二〇一二年二月二十七日申請破產，負債總額四千四百八十億日圓，成為日本史上最大破產案。

爾必達重整，長期而言減緩DRAM產業供過於求、減少庫存，對DRAM市場是正面消息。

二〇一二年下半年，在Ultrabook與Windows 8的帶動，以及爾必達退出市場兩因素下，DRAM需求回溫，久處深淵的南亞科終於見到一線曙光。但負債比逼近九七%的南亞科仍需母集團持續金援，以及減少南亞科的支出，才能脫胎換骨。

二〇一二年年中，身兼華亞科董事長與南亞科總經理的高啟全提議，以「南亞科清算」為底線，要求中止與美光於二〇〇八年簽署的共同開發技術合約，並讓華亞科重新與美光議定產品售價。高啟全當時在最高行政中心會議報告中指出，南亞科應中止與美光共同研發技術，但美光會以雙方有合約為由，不准南亞科停止支付研發費用，「所以，他（高啟全）提議，南亞科應該跟美光賴皮，以活不下去為由逼著美光重啟談判。如果美光不同意，乾脆就讓南亞科倒，一旦南亞科清算，就沒有違約的問題。」一名知悉內情人士透露。

高啟全分析，當時南亞科的DRAM研發技術已經到了二十奈米，以南亞科每月僅五萬片產能來說，應該退出標準型DRAM市場，轉進消費型、低功率記憶體領域的利基市場。如此一來則無須與美光共同研發，若有需要可改由取得美光授權，每月可先減少十億元費用。而華亞科每月十二萬片的產能也將由美光一手包攬，改以價格較好的美光品牌銷售。

對於高啟全的奇謀，台塑集團最高行政中心委員全力支持，全權授權高啟全跟美光交涉。果不其然，美光一開始無法接受南亞科片面毀約，也不相信台塑集團會放任南亞科倒閉，不願意重新協商，雙方一度僵持不下。後來，美光傳出因資金窘困無法併購爾必達的消息。高啟全判斷，美光欲併購爾必達所需金額約二十五億美元，倘若台塑集團以「金援美光」為條件，來換取南亞科中止美光共同研發合約，美光或許會接受。副總裁王瑞華得知後同意「金援美光併購爾必達」的提案。高啟全進一步向美光提出「金援美光」計畫，副總裁王瑞華甚至跳到第一線跟美光高層親自掛保證。最後棍子與胡蘿蔔的策略奏效，美光同意與南亞科中止合約，而台塑集團也按照承諾金援美光。

二〇一三年，南亞科撥雲見日。隨著景氣回升，南亞科瘦身轉型策略奏效，南亞科與華亞科轉虧為盈，全年總計大賺近兩百九十五億元，從拖油瓶回到「DRAM雙雄」的地位。二〇一四年，DRAM雙雄為台塑集團大賺七百七十二億餘元；二〇一五年，南亞科辦理台股史上最大減資案，減資幅度高達九成。台塑四寶借出去的錢，收回來了。

南亞科存活下來了，但若非王文淵下令四寶全力注資、高啟全獻策以及王瑞華跳到第一線與美光掛保證，南亞科恐難絕處逢生。僅從南亞科在第三季財報中，其他應付款中關係人金額高達七百零一億元，即可確定南亞科能起死回生，台塑集團選擇與南亞科「生死與共」是關鍵。

二代接班總體檢

■南亞科絕處逢生、全企業營收成長七五%

從二〇〇六年六月五日接班迄今邁入第十年，王家二代與老臣分權共治的九年間，面對南亞科瀕臨倒閉、六輕工安大火危機及台塑越鋼投資難題等三大考驗。南亞科從二〇一二年差一點下市，到二〇一五年淨值超過五百億元，短短三年時間寫下DRAM史上的一頁傳奇，這是王家二代與老臣齊心度過第一個難關。

而六輕一年七起工安事故，在台塑集團斥資一百四十億元、釜底抽薪地全面汰換腐蝕管線後，也漸漸化解危機。至於台塑集團斥資近百億美元的台塑越南河靜鋼廠，是否能為台塑集團注入下一個十年的成長力，或是鋼鐵版的DRAM產業投資心酸史，仍有待觀察。

從過去九年全集團業績來評斷王永慶欽點的接班人績效，會發現王家二代與老臣分權共治接掌的這艘艦隊，不僅規模持續擴大，更破風乘浪穩穩航向世界版圖。

二〇〇五年，台塑集團海內外總營收為一兆四千三百一十五億元，稅前盈餘為二四六八．九億元。從二〇〇六年接班以來，台塑集團全企業營收穩定成長，至二〇一四年全企業總營收為二兆五千零五十億元，較二〇〇五年時成長七五%；稅前盈餘則為二一五三．八九億元，雖較二〇〇七年三二七七．八八億元的巔峰衰退，但已明顯走出二〇一二年的谷底，穩步復甦。

南亞最高顧問吳欽仁說，過去這九年，很多人會質疑二代接班螺絲鬆了；但事實上，財報數字證明海內外的企業體都是蓬勃發展，「在他們手上，企業營收大幅成長，獲利穩定，一個數兆的企業還能持續強勁的成長力，這很難得，他們接棒接得很好。」

確實，細究全企業的營收貢獻發現，台塑在美國的事業體營收貢獻度逐年成長，九年來已成長近一倍，在二〇一四年達二二五〇・四六億元。台塑美國事業體稅前盈餘更是大躍進，成長近三倍。從二〇〇五年時不到盈餘百億元，到二〇一四年大賺四〇七・三億元。而台塑集團在中國事業體，則維持在年營收兩千億元水準。

政商關係未傳承，喪失話語權

然而，即使台塑集團迄今仍是台灣最賺錢的企業之一，但不能否認的，沒有王永慶的台塑集團，早已失去了昔日的光芒，不再是那「喊水會結凍」的民營企業霸主。失去光環，自然也失去了話語權。不管是對政府諫言、對媒體發聲，或是政商聚會的場合，台塑集團已不再是眾所注目的焦點，甚至失去了為自己辯護的企圖心。

以二〇一五年四月雲林縣政府禁止六輕燃煤發電一事為例，台塑集團僅發布新聞稿回應雲林縣政府的禁燒令，不見任何一位最高行政中心委員召開記者會站在第一線捍衛企業立場；甚至連環保署都從法理角度，以「禁燒令牴觸地方制治法」為台塑集團發聲，台塑集團仍不發一語。一名在台塑工作超過四十年的主管就感嘆：「董座如果還在，早就痛罵縣府亂來，三句話就上報紙，大家才會重視不燒煤、電要從哪來的問題，不會像現在這樣被縣政府掐著亂打。」

一名親近王家人分析，創業第一代享有光環，固然是今非昔比的原因，但另一方面，王家二代未能傳承王永慶與王永在在政商圈的綿密人脈也是關鍵。「兩位創辦人走過草創時期，懂得人情世故的重要，行事原則是人情事理，人放第一位。二代受國外教育，接棒後把理字放第一，很多父執輩的交情就這樣散了。」該名人士透露，別的不說，王永在以前在球場打球，每週聚餐至少三桌球友同桌，現在陪總裁王文淵打球吃早餐的湊不到一桌，就連總座幾十年球友林昭文也不曾同桌吃早餐。

該名親友指出，董座王永慶待己極為勤儉，但對人大方，帶人帶到心。有時雖會直言不諱向政府諫言而得罪官員，但總座王永在都會私下搓湯圓，「他們兄弟有這樣的分工，也同樣懂得凝聚人心，人聚才能成就大事業。至於總裁跟副總裁兩人，同屬內向低調性格，沒人站在第一線代表台塑集團發聲，另一人也不會私下安撫。沒有這樣的互補，政商關係不足是台塑集團光環消逝的主因。」

一名傳統產業企業主曾質疑：「看不懂七人小組的接班布局。」他認為，一個企業、尤其是像台塑集團這樣營收數兆的龍頭企業，領袖是誰很重要，對內對外都要有一個領袖站出來，讓所有人清楚「我，代表台塑集團」。「但台塑集團以集體決策模式交棒，感覺不出這個領袖是誰？」

隨著老臣相繼於二〇一五年交棒，最高行政中心成員改組，再加上中國供應鏈崛起，王家二代下一個十年挑戰仍然險峻。首當其中，即是專業經理人才流失，包括擁有三十年DRAM經驗的戰將高啟全被中國紫光集團挖角，以及台塑總經理林振榮涉及六十一年來台塑集團最大集體收賄案而下台。

高啟全跳槽：長官變對手？肩負美中台平台任務？

中國研究機構「芯謀研究」二〇一五年十月五日驚爆台塑集團DRAM戰將高啟全將跳槽中國紫光集團，出任全球副總裁，震驚國內科技業。

隨著中國手機、面板等3C產品已逐漸撐起一片天，中國在科技產業布局轉向DRAM產業，急起直追。二〇一五年七月，紫光曾有意以兩百三十億美元併購美國DRAM大廠美光集團，但因DRAM涉及國安範圍需經美國政府同意，收購案不了了之。

如今，挖來與美光集團關係緊密的南科總經理、華亞科董事長高啟全，問題迎刃而解。

華亞科為美光與台塑集團合資公司。紫光集團招攬高啟全，著眼的是促成美光與紫光的合作機會，聯美抗韓。對美光而言，與紫光攜手不僅能獲得資金奧援，更能提升美光在中國的市占率，直追勁敵韓國的三星與海力士。然而，對華亞科而言，身為美光的代工廠，倘若美光與紫光合作成定局，必定會在中國有建廠計畫，長遠來說，恐削弱華亞科的代工地位。

正當外界質疑高啟全「琵琶別抱」，建置中國DRAM產業紅色供應鍊，恐衝擊台灣DRAM產業邊緣化時，高啟全發出一封信給全體南亞科員工。信中強調，自南亞科退休，是為了「想做一番不同的事業」，盼能結合兩岸優勢，以創造共贏的局面，並以自然人身分留任南亞科董事。

這是否代表台塑集團「認可」高啟全跳槽紫光，並賦予他「建立美中台平台，聯美中抗韓」的重責大任？又或是面對中國紅色供應鏈崛起，台塑集團有意藉此機會，退出標準型DRAM市場？仍有待後續觀察。

台塑集團驚爆六十一年來最嚴重集體收賄弊案

二〇一五年七月二十四日晚間七點三十五分，台塑在公開資訊觀測站公告，總經理林振榮因「個人因素」，請辭台塑總經理與台塑董事職務，並於八月十一日生效。消息一出，引起媒體騷動，兩小時後，媒體陸續以「上任二十四天閃辭、林振榮請辭台塑總座職務」為題報導，閃辭原因多以官方說法的「個人因素」或「家庭因素」來說明。但這樣一位在台塑深耕近四十年的高階主管，且被視為未來董座人選，卻僅接任總經理二十四天就閃辭，顯然「個人因素」這理由不足以讓人信服。由台塑上下三緘其口的態度，讓人不禁從操守問題聯想。

林振榮閃辭僅是冰山的一角。同一日，台塑集團前所未聞地有二十多名中高階主管、員工遭「免職」，但集團上下三緘其口，對內並未公告、對外全面封鎖消息。多數員工並未意識到林振榮請辭與其他遭免職的主管是為了同一件事，僅少數人注意到當晚各事業處的人事單位燈火通明。不少員工看著林振榮收拾辦公室內所有私人物品，默默離開工作近四十年的台塑大樓，無不為其落寞的身影感到惋惜。

七月二十五日，媒體報導仍以「個人因素」簡單帶過林振榮閃辭事件。當筆者陸續與台塑集團內部探詢林振榮的下台真正原因，方意外得知「事情很嚴重」、「台塑、南亞跟台化也有人被開除」以及「史上最嚴重的集體收賄案」等訊息。進一步多方查證才發現，當晚有二十四名集團主管、員工，因涉嫌集體收受「台塑PVC太空包廠商賄絡」而同時遭到免職。人資單位以最速件連夜處理所有涉案人員的離職公文，就連台塑總經理林振榮也名列廠商行賄名單，逐步拼湊出總管理處新任總經理王瑞瑜主導「七二四肅貪行動」的全貌。

■王瑞瑜主導七二四肅貪行動

這起台塑集團成立以來的最大集體收賄弊案，始於一封署名「王瑞瑜收」的檢舉函。信中指控台塑總經理林振榮、總管理處發包中心朱金池，以及南亞、台化、總管理處等二十多名中高階主管，長期接受PVC太空包供應商欣雙興的「供

主導「724肅貪行動」的王瑞瑜（攝於2014年1月16日台塑生醫與聯亞生技共同成立聯合生物製藥公司）

養」，粗估收賄金額逾億。

由於檢舉函中指控內容層級廣泛，甫於七月一日上任的總管理處總經理王瑞瑜為求慎重，決定親上火線，調查這起集體收賄案。為免走漏風聲，王瑞瑜五日籌設五人專案調查小組，並要求成員們簽署保密切結書。不僅事先未告知涉案同仁的直屬長官，就連總管理處高階主管也毫不知情。王瑞瑜祕密指示五人小組成員調閱該廠商資料，並策反廠商父子提供「供養資金帳本」。經連日來交叉比對，確定台塑集團主管涉嫌收賄，決定發動「七二四肅貪行動」。

七月二十三日，王瑞瑜正式向總裁王文淵報備整起集體收賄案，並出示「帳冊」證物，總裁王文淵以一句「就照你的意思處理」力挺。當時台塑總經理林振榮人還在台塑寧波廠區視察，預計搭乘晚間十點班機返台，完全不知自己即將面臨的調查行動。

週五（二十四日）一早，風雲變色。

上午十點，台塑召開第二季財報經營會議，由董事長林健男主持，包括總裁王文淵、台塑最高顧問李志村都到場，獨缺林振榮。當時不少與會主管感到詫異，但多數猜測前一天林振榮甫從寧波返台，可能還在休息中，未作他想。

沒想到，會議一結束，董事長林健男趨前向總裁王文淵報告「總經理林振榮因個人因素，請辭所有職務」。眉頭緊蹙的王文淵僅點頭示意，並未多問；在場所有主管震驚，但也沒人敢多問，僅覺得一場暴風雨即將來襲。當天下午，總管理處肅貪行動陸續收網。各事業處包括台化、總管理處、台塑高雄廠區等，陸續傳出有主管突然遭到免職的消息。

為求慎重，筆者於七月二十六日（週日）致電台塑發言窗口詢問：「台塑前總經理林振榮，是否因涉及欣雙興太空包集體收賄案而請辭？」該名主管一開始不願直接回答問題，僅以「這部分還沒有釐清」回應。半小時後，該名主管主動致電筆者：「他（林振榮）二十四日請辭，是以個人家庭因素請辭，公司也依法公告。至於妳提到的集體收賄案件，相關涉案人員都以違反公司工作規則為由，視情況予以免職或必要之處理。」台塑主管的回應，證實了確有廠商檢舉台塑集團主管集體收賄一事。

小廠商家族內鬥　撼動台塑集團清廉根基

筆者以獨立記者身分向《蘋果日報》提出合作案，隔日（七月二十七日），《蘋果日報》頭版以「王瑞瑜肅貪、台塑總座二十四天下台」標題，刊登筆者的獨家調查報導，震驚全台。

第一時間，台塑集團所有公關體系全部關機。直至上午十點六分，台塑集團統一對外發布新聞稿，證實筆者報導的「台塑集團集體收賄案」獨家新聞。台塑集團的新聞稿一發布，不僅引起全台媒體跟進這則報導，檢調單位也立即分案以《證券交易法》特別背信罪調查，並由檢肅黑金專組檢察官江貞諭偵辦。

鬩。小兒子劉上至因不滿父親劉宗正把公司交給大哥劉上行管理、獨霸台塑太空包訂單，而劉上至另行開設的塑佑塑膠欲與台塑往來，卻始終不得其門而入；遂向台塑集團總管理處檢舉。一場小廠商的家族內鬥，竟演變成衝擊台塑集團接班布局的人事大地震，甚至動搖了台塑集團的清廉根基。

這起讓台塑集團管理金字招牌蒙塵的集體收賄案，始於廠商欣雙興的家族內

八年前與總座一職擦身而過 八年後王瑞瑜肅貪掃掉台塑總座

眼見一個個在台塑集團數十年、位居要職的中高階主管竟共謀收賄，且從二〇〇八年創辦人王永慶辭世後迄今，收賄時間竟長達七年，王瑞瑜痛心疾首並決定跳到第一線，主導肅貪行動。甫掌台塑集團最高幕僚單位的大權，王瑞瑜就展現鐵腕作風，揪出台塑大老虎，讓上任二十四天的台塑總座林振榮下台，更一口氣免職二十四人，包括一名陪同長官與廠商吃飯的行政小姐。手段之決絕，一別以往圓融處事風格，以「鐵娘子」的形象上位，對內肅威。

人稱「小姐」的王瑞瑜，是台塑集團兩大創辦家族中最常與媒體互動的王家人，扮演著家族與外界的溝通橋樑。相較於堂兄王文淵及姐姐王瑞華始終與媒體保持距離，王瑞瑜個性直率、身段柔軟，雖為企業富二代，但與媒體聚餐時常幫鄰座的記者服務，親民作風令人印象深刻。若與其他家族成員同台亮相，王瑞瑜謹守「長幼有序」分寸，將鎂光燈留給堂兄與姐姐，不搶丰采；但私底下王瑞瑜對學業、事業從不當「老二」。

二〇〇二年，企業家群集的台大EMBA舉辦畢業典禮，當時任職台塑集團總管理處主任的王瑞瑜以總平均九〇・六八分，奪得國際企業管理第一名，搏得「虎父無犬女」的佳評。而從一九八四年進入長庚醫院擔任幕僚、一九九〇年進入總管理處協助建立電腦化管理制度，到二〇〇二年逐漸為外界注意，王瑞瑜已在總管理處深耕十八年。

二〇〇一年，王永慶規劃交棒布局，決定籌組五人決策小組，以集體決策模式來交棒。隔年隨即欽點三位老臣李志村、吳欽仁、楊兆麟以及掌管台化與台塑化的王文淵、王文潮為小組委員為接班鋪路。二〇〇三年，從美國回台兩年的王瑞華掌管新成立的總管理處海外事業部，同時也進入決策小組。

相較於堂兄與親姐姐都已進入接班團隊，年資較淺的王瑞瑜全力衝刺集團新事業的開拓，包括台塑網科建立網路採購平台、設立台塑生醫跨入化妝品市場以及新能源科技市場等。不斷開疆闢土，王瑞瑜除了證明自己的能力，也展現出更上一層樓的企圖心。二〇〇六年六月五日，台塑集團世代輪替，兩位創辦人王永慶、王永在交棒給最高行政中心，王瑞瑜名列小組成員，「七人小組」的接班團隊正式成軍。雖然擠身決策中心，但身為總管理處副總經理的王瑞瑜，在集團所受到的關注相對較少。

一年後，王瑞瑜獨當一面的機會到來，卻因媒體曝光而錯失良機。

二〇〇七年九月，時任總管理處副總經理的王瑞瑜有意到高雄廠區第一線學習，也獲得董事長李志村的支持；因此台塑按內部作業上呈人事案，將王瑞瑜平調至台塑出任副總經理，至台塑各個廠區歷練學習。未料此消息被媒體曝光，且因當時台塑總經理由台塑董事長李志村兼任，因此媒體報導時將王瑞瑜的台塑實習之旅，解讀為「是在為二〇〇九年接掌台塑總經理鋪路」。沒想到一樁美事，就這樣破局了。

據傳，王永慶看到報導後，立即質問相關人員「是誰決定這件事情的？」顯然事前毫無所悉。但也有人認為，董座或許是不希望「獨厚愛女」的耳語傳出，整起人事案緊急喊卡。對於這段「與台塑總座擦身而過」的過往，王瑞瑜在二〇〇九年接受雜誌專訪時，曾以「打擊很大」來形容當時心境。王瑞瑜說，當時是父親王永慶問她：「去台塑好不好？」有意讓她擔任總經理。雖然本身並無化工相關背景，但王瑞瑜思考良久，決定接受獨當一面的訓練；因此答應父親，甚至寫好企畫書，準備到各地工廠去長駐學習。沒想到人事消息外洩後，父親王永慶覺得對台塑董事長兼總經理李志村「不好意思」，就改口稱只是讓王瑞瑜去實習。

王永慶究竟事先是否知情，至今仍說法不一。然而，冥冥中似乎有其定數，王瑞瑜八年前錯過了台塑總座寶座，二〇一五年七月接掌總管理處總經理，僅僅二十四天就打下台塑大老虎，讓台塑總經理林振榮下台，王瑞瑜這一役，確立了台塑集團「鐵娘子」的名號。

王永慶辭世七年　採購弊案叢生

這麼多位居要職的中高階主管共謀不法、長期收賄，讓王永慶與王永在兩人一生心血建立的台塑清廉招牌蒙塵。對所有名列最高行政中心的王家二代來說，心中共有的疑惑都是：「為什麼？究竟為什麼會發生集體收賄事件？」

早在一九八五年，王永慶就自行設計出「三十一格鐵箱」投標制度，由工讀生開標。按每月日期，一天一個信箱，由不知情的工讀生收到投標信後，按開標日期投遞到對應日期的信箱內。開標日一到，統一開標，完全杜絕經辦人員經手投標書與舞弊的可能性。這套制度，奠下台塑集團「杜絕綁標」的札實根基。

二〇〇〇年，台塑集團為建置網路交易平台，成立台塑網科公司。台塑網科線上開放所有供應商競價，採用美國軍方的加密系統，開標前全是亂碼，開標當天由電腦選取得標者，排除人為操縱空間。台塑網科迄今已十五年，網路採購平台已逾兩萬家供應商，連一根鐵管都有高達八十家廠商報價，強調採購制度之透明。

三十年所札下的根基為何會在今日破功，爆發史上最大規模的集體行賄案？台塑集團一名主管說：「再怎麼嚴謹的制度設計，仍難防人心。」確實，從二〇〇八年台塑集團創辦人王永慶辭世迄今，台塑集團已爆發的採購弊案就有五件，收受賄款金額從兩千萬到六億都有，移送檢調調查的另有五件。若再加上此次爆發的二十五人集體收賄一．三億元，台塑集團內部可說向心力潰散，長年標榜的「清廉金字招牌」早已搖搖欲墜。

扛千億營收領百萬薪水
台塑主管難抗廠商利誘

在兩位創辦人早年開疆闢土的年代，治軍嚴謹、賞罰分明。做錯了，董座王永慶會痛罵你，但是你做得對、做得好，他可以除了特別獎金，私底下再給你一個信封袋，裡面裝著數萬到數十萬美金的支票。一名高層說，集團內還有主管曾收過王永慶包的七位數奠儀。最終，該名主管退了那包奠儀，但那種心意，讓下屬願意為你賣命。「那一年，董座就把那筆錢又加入該名主管的特別獎金。只要你夠拼，董座不怕給你，再多都給你，就怕你不夠拼。」

台塑最高顧問李志村說，一九六八年他的特別獎金就有兩百二十萬元，剛好看到民生東路三段的麥當勞後面有間房子要賣，四十五坪賣三百二十萬，「辛苦一、兩年就可以買一間房子，你說員工會不會拼？當然拼，而且家人也會全力支持你拼。」隨著台塑集團規模日漸擴大，獎勵制度也僵化固定，類似早年動輒數萬到數十萬美金的「獎賞」已不復見；高階主管的特別獎金頂多一倍至五百萬之譜，但他們肩上的重擔卻比往年更沉重。台塑集團目前是全球第七大石化集團，台塑、南亞及台化三家公司年營收規模高達二至四千億元，台塑化年營收更近一兆，高階主管的壓力可想而知；但四大公司總經理年薪頂多在一千萬上下，遠低於其他產業的高階主管薪資水準。

以台塑最高顧問王金樹為例，他於一九五七年進入台塑服務，二〇〇九年辭世；結果他領到的退休金不到一千萬元。一個在台塑工作五十二年、曾位居副董事長的王金樹退休領不到一千萬，令人詫異；也讓當時的台塑董事長李志村為他抱屈。細究原因，原來特別獎金不列入退休金，但台塑集團的薪資結構是「低底薪高獎金」，一旦剔除特別獎金，一名副總經理的月薪僅十二萬元。更令人質疑的是，既然特別獎金幾乎是年薪的六成，為何退休金可以不將特別獎金納入？顯然有違反勞基法之嫌。

李志村為此還特別在最高行政中心會議中提出，台塑集團應盡速改善薪資制度，讓中高階經理人能有更好的待遇，才能全心奉獻給公司。他以最高顧問王金樹為例指出，一位將五十二年青春歲月都奉獻給台塑集團的老臣，退休金卻僅僅一千萬元，傳出去「情何以堪」？李志村強調，他年紀大了，早年創辦人讓員工認股也讓他這輩子衣食無缺，所以他今天提出這番話並不是為了自己，而是為了中高階經理人、為台塑集團未來發展好。

對於李志村的提議，總裁王文淵及副總裁王瑞華皆認同，認為集團薪資制度有問題，有改進必要。王文淵說，他先核准王金樹另外多領八百多萬的退休金，接著就決定要調整制度，將特別獎金納入退休金。最後七人小組決議，自二〇一〇年開始，中高階主管的特別獎金六成將納入退休金中；但整體年薪水準，仍難與國內各龍頭企業相比。王文淵強調，台塑集團基層薪資水準甚至優於其他企業，但中高階層薪資確實較低，這部分仍有調漲空間；只是要解決問題不能一蹴即成，也要顧及基層員工的觀感，數十年未調整的薪資結構問題，不是短短幾年就能解決。

早年的「賞罰分明」，成了現在「有功無賞、做錯要罰」；台塑集團內部向心力渙散，養成一種「吃大鍋飯」的心態，「多做多錯、少做少錯」成了企業內顯學。在這種情況下，如果定性不足，自然容易被一些小利小惠引誘、鋌而走險。以此次集體收賄案為例，總計行賄金額約一．三億元，涉案人數總計二十五人，扣除層級最高的林振榮七年下來總計收受賄款兩千多萬元，以及另一名台塑資深管理師收逾三千萬元的賄款，其餘二十三人平均一年收不到五十萬元。

人才斷層：經營權交不了棒？台塑集團如何永續經營？

在台塑集團服務三十九年的林振榮，竟為了兩千多萬元斷送大好前程，也衝擊了台塑的接班布局。目前，兩位資深副總程成忠與蕭文欽都已逾六十五歲退休之齡，更上層樓的可能性不高；而幾大事業部的副總經理也才剛升任不久，短期內恐難上位接掌總座。預計未來三到六年內，台塑董事長林健男兼任總經理的機會大增。但更嚴重的問題將在六年後：二〇二一年，台塑董事長林健男也將年屆八十，能否繼續老驥伏櫪、身擔重任，仍是未知數。

如何在六年內尋找適當的掌舵者，又如何重整集團紀律、凝聚內部向心力，將成為台塑集團未來的重要考驗。此外，如何讓整個台塑集團全面邁向專業經理人治理，也是王家二代迫在眉梢的問題。兩大家族的第三代都未在集團內承擔重任，王家二代勢必得在他們手上「建立制度」，否則，十年、二十年後王家二代成員陸續凋零時，台塑集團的龐大王國將由誰掌舵？？王家三代成員，又如何透過家族委員會來控管或監督台塑集團的運作？

若是王家二代成員未能找出上述問題的解決方案，就無法一圓兩位創辦人王永慶、王永在的遺願——台塑集團永續經營。

■龐大股權公益信託，為永不分家鋪路 捨百億股利，公益越做越賺錢引非議

長庚醫院對於台塑集團的重要性，眾所周知；但鮮少人清楚王永慶與王永在

兩兄弟在國內還成立了七個非營利單位，包括三所創辦大學及兩個公益信託、兩個財團法人社會福利基金會，各自持有台塑四寶數萬張股票，重要性宛如七個小長庚。「七個小長庚」持有台塑集團上市各公司龐大股權，截至二〇一四年七月底為止，總市值逼近一千兩百億元（見附錄「七小長庚資料表」）。

名義上是公益信託或財團法人基金會，實質卻成了台塑集團控股中心。不管是長庚醫院或「七個小長庚」，資產都因現金股利發放而逐年增加，形成「公益越做越賺錢」的特殊現象，導致「藉公益信託之名、行財務操作之實」的質疑聲浪四起。

以「公益信託王長庚社會福利基金」為例，二〇一四年度的現金股利收入達四．二億元，而當年度五筆捐贈總額為一．一三億元，使得二〇一四年該公益信託收支淨額還「增加」三．〇七億元。而該年度的五筆捐贈，皆是捐給王永慶家族相關的基金會，包括王永慶二房成員成立的信望愛基金會、大眾教育基金會以及王詹樣社會福利慈善基金會。

相較之下，由王永在家族成立的「公益信託王詹樣社會福利基金」直接捐助給需要幫助的個人、團體。攤開該信託二〇一四年的信託事務處理報告書，洋洋灑灑總計三十六頁，其中十八頁總計三百二十八人屬於「受暴家庭經濟協助計畫」；另外十四頁則詳盡記載該信託基金捐助「勵馨社會福利基金會」、「罕見疾病基金會」、「桃園縣私立少年之家」、「雲林第二監獄戒毒班計畫」以及「貧困學生營養早餐」、各單位獎助學金等數十個不同的團體，總計二〇一四年捐款總額為一．二五億元。

而該年度，「公益信託王詹樣社會福利基金」現金股利入帳三．五二億元，扣除捐款，收支淨額為二．二四億元。從兩大信託的年度收支財報表，可窺知兩公益信託之運作，已達到兩位創辦人所期望的「自給自足」目標。每年扣除慈善捐助外，還有多達數億元的「結餘」，日積月累下，滾出了更多的閒置資金，再持續加碼台塑四寶股權。四大公益信託已追隨長庚醫院的腳步，成了另一版本的「小長庚」，確保台塑集團股權集中。

對此，資誠聯合會計師事務所副營運長許祺昌指出，主管機關對於公益信託或慈善基金會在慈善支出要介入多深，確實是一個可以討論的議題，「現行法規針對慈善基金會有明文規定，用於基金創設目的的慈善活動支出，不低於基金每年孳息或各項收入的六〇％，但在公益信託方面，則無此規定。」

許祺昌補充，公益信託沒有限制該信託不能購買捐助人所控制的公司股票，所以王永慶兄弟倆成立的兩大公益信託可加碼自家股票，「如果覺得公益信託花太少錢在慈善、花太多錢在加碼股票，好像公益信託變成控股中心是不對的，這就是主管機關的權責，可以考慮明確規範支出比以強化監督機制。」

許祺昌解釋，富豪將資產交付公益信託或是成立財團法人社會福利基金會，雖然可以節稅，但資產已非捐助人所有，「假設你有一百元，你留著不捐，要扣掉四五％的稅，自己只剩下五十五元。你成立公益信託，一百元雖然不必被課稅，但這一百元已經不是你名下資產。如果捐的是股票，往後所有的股利都是這個公益信託的，再也不會進入你的口袋。」

許祺昌進一步分析，是否捐出自身資產成立公益信託或相關慈善基金會，端看富豪們的盤算如何。以王永慶與王永在兩兄弟捐贈龐大股票來看，其優點是捐贈時可享有節稅，更重要的是，兩人的股權可以鎖在信託或基金會中永不分散；而王家子孫可藉由掌控基金會或信託方式，來行使投票權，藉此達到永久掌控台塑集團的目的。缺點是，股票捐出去就不會回到自己口袋，不僅無權處分股票，每年股利發放也成了信託資產。「所以你問我，有沒有很多人願意為了控制股權跟少繳稅，犧牲股票跟股利的利益？沒有。實務上真的很少很少。」

許祺昌認為，王永慶與王永在能捨棄個人慾望而將龐大股權交付信託，就是希望能強化股權控制力，讓台塑集團永續經營、永不分家，「是非常有智慧。」因為後代子孫若無能力去顧上兆的產業，你交給他，牛鬼蛇神就靠近他身邊，不僅是敗光家產，甚至危害到子孫安危。

然而，就算將持股捐贈基金會或成立信託，也不一定確保能永久透過基金會來掌控公司。許祺昌指出，以長庚醫院董事會來看，僅三分之一董事席次是王家人，另外三分之二是社會賢達跟專業人士。第一代或許可以全面掌控董事會，但通常掌控力會一代代減弱，「時間越久，越有可能被外部人士掌控董事會。誰掌控了長庚董事會，對台塑四寶的董監席次就擁有影響力。」

對於財團法人信託控股的潛在風險，王文淵在九月二十五日接受專訪時完全認同，他甚至強調：「不是風險，是必然會發生的事實。所有的財團法人，總有一天會脫離家族（掌管），醫院跟學校都會，早晚都會，就是社會的。本來用意也就是社會的，所以，將來沒有一個財團法人可以（被家族）長期控制，只有短期控制而已。」但對於「誰掌控長庚董事會，對台塑四寶董監事就有影響力」的說法，王文淵認為，目前還不會有此憂慮，因為海外信託掌控的四寶股權是長庚無法撼動的。

四大鋼索緊栓集團所有權
王文洋難以撼動

從二〇〇〇年後，王永慶與王永在規劃交班布局，在所有權方面，藉由相繼「成立海外五大信託」、「長庚醫院加碼集團持股」、「四寶交叉持股」以及「國內四大公益基金、三所大學加碼持股」等四個途徑，掌控台塑四寶近五成的股權。彷彿設置四條鋼索，將台塑集團的所有權緊緊拴住，而四條鋼索最終則掌控在王永慶三房及王永在大房兩大家族手中。更重要的是，這些集團股權皆以信託或指定慈善用途的方式管理，已非兩位創辦人私有的資產，無須擔心兩人百年後，龐大股權將因子女繼承而分散。

即使王永慶二房長子王文洋屢興訴訟，分別在美國、台灣等四地提告，但迄今六年過去，美國訴訟皆以美國法院無管轄權敗陣，其餘三地訴訟也未有具體斬獲。倒是多年來累積數億元的龐大訴訟費用，已讓兩造雙方感到壓力。王文洋甚至為此向百慕達法院提起聲請，要求所有訴訟費用應由百慕達的四大信託支出；

但遭駁回。

為追查父親王永慶全球的遺產狀況，王文洋自二〇〇九年五月向美國紐澤西州法院遞狀開始，戰火蔓延到台灣、香港及百慕達，衍生出十餘起大大小小不同官司，僅百慕達每月訴訟費用就逾百萬美金，不僅原告王文洋感受到沉重的訴訟成本，就連被告一方王永慶三房成員均感疲憊。甚至傳出王瑞華之子曾寫信詢問舅舅王文洋，為何大家不能和平相處，要與母親對簿公堂，讓母親憂心白了頭髮；王文洋也回信堅持「for justice」（為了公平正義）的立場。

據了解，在創辦人王永慶辭世後，三房李寶珠曾於二〇〇九年四月間找上與王文洋頗有交情的前總統李登輝，希望李登輝能勸勸王文洋，「讓家族能和諧處理王永慶的後事。」結果，一個多月後，王文洋赴美遞狀，鳴起遺產訴訟的第一槍，將豪門恩怨搬上法院，赤裸裸攤示在全台灣人眼前。一名集團高層透露：「那時候如果大家（王文洋與三房成員）能手牽手，彼此關係就會越來越好。結果你打我一巴掌，我當然也要回你一拳，現在都撕破臉了，還談和不和。」

■王文洋改變訴訟策略，攜手王永在二房

王永在手諭百慕達法院曝光

二〇一三年四月八日，王文洋向百慕達法院遞狀，控訴父親王永慶名下約當一百五十億美元的資產，被「非法轉移」到百慕達四大信託，要求百慕達法院判決該資產移轉無效。兩年多過去，官司尚未進入實質審查，但隨著叔父王永在辭世，王文洋改變訴訟策略，為百慕達訴訟投下震撼彈。

王文洋在二〇一五年二、三月間取得叔父王永在的親筆手諭，因此決定改變訴訟策略。他一改多年來始終堅持百慕達四大信託託管的資產為父親王永慶獨有，不僅承認四大信託為父親王永慶與叔父王永在共同成立，更在百慕達法院提示一份王永在親筆手諭，意指叔父也認為海外信託基金應由繼承人繼承。

王文洋以王永在生前手諭為證，企圖打破百慕達四大信託；是否會為這起進行逾兩年的百慕達訴訟帶來關鍵性的影響，目前仍不得而知。但倘若百慕達法院

判定王文洋勝訴，等同宣告百慕達四大信託成立過程有瑕疵，那四大信託所託管的台塑集團一九%股權、相當於市值一百五十億美元的股票，將「物歸原主」，對王文洋全球追查父親王永慶遺產而言，是一大進展。反之，若判定王文洋敗訴，等同宣告這一百五十億美元確定不屬於王永慶、王永在遺產，將重挫王文洋的訴訟行動。

據知悉內情人士透露，王永在的這份「手諭」，是二〇一一年前後所立，內文僅區區數行，「意思就是王永在海內外所有資產的二分之一，由大房王碧鑾與二房周由美平分後，其餘再由兩房子女們均分。」

一名王永在親友指出，在法律上，周由美不是王永在的遺產繼承人，所以她「準備」了這份東西，來捍衛自身權利。據親近王家人士透露，王文洋主張，既然原被告雙方對於「百慕達四大信託所託管的資產，來自父親王永慶與叔父王永在兩人」都有共識；那王永在生前親筆手諭，表達「海內外資產皆由王永在大房王碧鑾與二房周由美平分」，顯然王永在生前也有意打破百慕達四大信託，由繼承人繼承。

對於王文洋以王永在手諭作為「叔父也有意打破百慕達四大信託」的證據，被告一方認為「匪夷所思」。一知悉內情人士指出，姑且不論這份手諭的有效性，「就算是王永在立的遺囑，那也頂多是王永在認為太太應當獲得的那一半，周由美有權跟王碧鑾平分。但百慕達四大信託已經不是王永在名下的資產，既然不是他名下資產，就沒有討論該怎麼分配的空間。」

而被告律師團一名律師指出：「百慕達官司的攻防重點是，信託過程有沒有違法？王永慶是不是知情？既然王永慶知情，就代表成立過程合法。四大信託合法成立，所託管的資產就不可能分割。」

身為王永慶的遺產繼承者，卻非台塑集團的接班人，王文洋早有對策。只是六年的時間過去了，王文洋迄今未能打破海外五大信託。從二〇〇一年啟動交棒布局迄今，王永慶、王文洋父子隔空對弈十五年，王文洋始終未能突破王永慶的五指山。

王文淵允諾：在我能管的範圍內，王家永不分家

望子成龍的王永慶，在一九九五年十一月下令「罷黜太子」，將王文洋逐出家門，其心中苦楚，可想而知。自此之後，王永慶一心苦思台塑集團該交付給誰？誰又能落實他心中所擘畫的願景，讓台塑集團永續經營？

二〇〇一年後，王永慶與王永在著手布局，以「經營權共治、所有權信託」的兩主軸交錯，鞏固「永不分家」的架構；欽點三位老臣及四位王家二代籌組「決策中心七人小組」執掌經營權；再將龐大股權於海內外設立信託。兩人總計十七血脈子嗣，無人可從海內外信託中分得一毛遺產。而這足以號令台塑王國的「信託控股」兵符，就交付給王文淵、王文潮、王瑞華與王瑞瑜等四位王家繼承者。繼承者們能否遵循王永慶與王永在的腳步，建立制度讓集團永續經營、兩大家族永不分家，一圓兩位父親的遺願？

王文淵允諾：「會，在我所能管到的範圍，我會做到（永不分家）。」

7

回首接班來時路——王文淵的告白

新聞現場：2015／9／25
地點：台塑大樓二樓總裁會客室

身為台塑集團總裁、掌管一年營收數兆的石化王國，王文淵不到三坪的會客室比想像中來得小，不見氣勢、倒顯雅緻。沒有金碧輝煌的擺設、達官貴人的合照，王文淵的會客室內最矚目的，莫過於右側一排五尊木雕觀音大士，肅穆地靜觀王文淵過去九年的種種人生艱困挑戰：兩位創辦人辭世、金融海嘯衝擊、南亞科瀕臨破產邊緣、六輕七次工安事故，以及王文洋六年十多起的訴訟……

回首接班九年來時路，王文淵說，最沉重的壓力莫過於扛起台塑這塊六十一年的招牌。秉持「台塑企業誠信不能毀」之信念，支撐王文淵一次次走出生命的幽谷，「如果有回頭路，我真的不會接總裁。」王文淵笑著說。坐在一旁的台化副董事長洪福源，追隨王文淵二十多年，一路陪伴王文淵從昔日的大阿哥到今日的集團總裁，以一句「總裁的韌性，救了南亞科」，點出了王文淵的蛻變。

面對父親辭世後，長庚董座之爭掀起的王永慶三房家族與王永在家族間的紛擾，王文淵一句「就是有一個誠信問題，有人沒做到而已」，證實兩大家族間確實有「王瑞慧退、王文堯進」長庚董事會的協議。兩大家族間的和諧，是否會因為長庚事件而生變？王文淵僅以一句「有誠信，才能長期合作」，道出心裡的感受。然而，身為最年長的二代以及王永在長子，王文淵深知父親及伯父一生最深切的期盼，強調：「在我所能管到的範圍，我會做到（永不分家）。」以實踐父親與伯父生前最後的遺願。

至於未來交棒布局，王文淵表示，目前有兩個方案正在評估：一是全面交棒給專業經理人，行政中心的總裁由專業經理人輪流擔任；另一案則是取消「行政中心集體決策」制度，改由各公司直接向大股東（王氏家族）設立的投資公司報告。以下為王文淵專訪內容。

Q：從二〇〇六年六月五日接棒迄今已進入第十年，回首過去接班九年，過程中面臨最大挑戰為何？

王文淵：歷經這九年，兩位創辦人辭世對我們衝擊是最大的。接下來就是南亞科的DRAM慘賠，總共負債近一千億元；不只南亞科，包括力晶、茂德等其他業者，同樣面臨危機。另一個就是二〇一一年台塑化（六輕）的工安事故，一連串的挑戰接踵而來。

Q：當初創辦人王永慶過世時，是如何穩定軍心？

王文淵：董座辭世是二〇〇八年十月十五日，他去美國前一天我記得很清楚，那天在長庚球場，就是長庚會長盃。那天創辦人王永在先生請示董座要不要上台致詞，董座就說不要講，要總座致詞。總座也不講，後來董座就說，那叫William講，就是要我講。當天，我致詞完，我們都發現了一個很奇怪的現象，就是董座拍手了，他第一次拍手。你要曉得，王永慶從來不給員工，更不會給自己的子弟（王家二代）拍手。他拍手，也不是因為我致詞內容，就是很奇怪的感覺，我找不到話來形容，總之我們大家嚇了一跳。

董座辭世後，一下子頓失依靠了。你要曉得，一個決策他們在，我可以請示他們，會有安心的作用，就是一個依靠，就是後盾、依賴感。他走了，雖然我們還是可以跟瑞華、瑞瑜大家討論，但感覺就是不一樣。

Q：董座王永慶辭世那年，金融海嘯席捲全球，引爆全球經濟危機。從二〇〇九年到二〇一一年，包括南亞科的DRAM成了台灣四大「慘業」之一、六輕工安事故接二連三來，這三年應該壓力很大？

王文淵：很大的挑戰。DRAM最大的問題在於產業供過於求，價錢就低，大家就虧得一蹋糊塗。那時政府原本有意思要整合台灣DRAM產業，過程很複雜，我在這就不方便說，總之就是沒有整合。後來我就決定，企業內幾大公司注資給南亞科，光企業內借南亞科五百億。

洪福源：（補充）我要強調一點，從注資南亞科救DRAM，就可以看出總裁的韌性，因為這是他第一次在沒有人給他依靠下，做出全企業注資的決策。是他的韌性，才把這個南亞科給救起來。當時他決策要注資給南亞科，我沒有那麼樂觀。

王文淵：當時台化、台塑有點遲疑，想說能不能不借？因為可能借出去會拿不回來啊。不是幾塊錢，是幾百億，每家公司都百億ㄟ！

Q：那總裁為什麼執意要救？

王文淵：因為台塑企業這塊招牌！台塑企業的誠信一定要保留。有一次，我在中國要回台灣，機場遇到蔡明忠（富邦金控董事長），他坐到我隔壁。他問我說，DRAM產業怎麼樣呀？我就說很不好看。他就說：

「我有借錢給你們，你看我都不怕，因為是台塑企業，所以我才不怕，其他我早就溜了。」我很感謝他對我們的信心。當時我們已經跟銀行借好幾百億了，人家還對我們有信心，這個企業誠信的招牌不能毀呀！

你說台塑、台化基於本位主義不想借給南亞科也沒有錯，要知道，賺錢沒有那麼容易，何況一借就是幾百億，可能丟下去什麼都沒有了。但是南亞不能沒有南亞科，硬著頭皮也要借，那到底要不要全企業注資救南亞科呢？這個決策過程是很複雜。︹應該煩惱到晚上睡不好？︺是，相當苦惱。到最後我就決定，要求四大公司注資救南亞科，不這樣做不行。

Q：那二〇一一年面臨六輕一連串工安事故，應該壓力也很大？

王文淵：你看英國石油（BP）是世界級的石化集團，那麼注重工安，結果BP德州廠二〇〇五年的工安事故是整個廠區炸平。今年（二〇一五）以來，中國光是化工廠工安事故就發生了幾次，浙江、天津，還有翔鷺石化。沒有化工廠想要發生工安問題，但要達到零事故，就像要人一輩子都不會生病一樣，這不太可能吧？更何況六輕規模那麼大，概算就有六十三座化工廠。

六輕，原本就是烏龜不上岸的地方，風頭水尾、環境惡劣，我們當初就預估到這個海砂（對設備的）腐蝕性很強；因為他砂石細，而且很黏著，一碰到鐵就卡住。所以當初我們六輕要興建時，我們找了很多的防腐蝕性油漆還有鍍鋅板，就像曬魚乾一樣，把幾大片鐵片掛在那好幾個月，一層層漆上油漆來測試不同油漆的防腐蝕性，才從中選出防腐蝕性最佳的油漆。

洪福源：（補充）那是總裁叫台化做的，我們試了整整兩年，來測試不同油漆的腐蝕度。

王文淵：其實從台電的高壓電輸送塔被腐蝕情況，也可以看出麥寮地理環境惡劣。

台電發電廠在那有兩條線，一條從麥寮到嘉義民雄總共有一百一十二個輸送塔，一條是麥寮到中寮總共有兩百多個輸送塔，然後中寮再往台北送。這兩條線在麥寮那附近的輸送塔，是以鍍鋅板跟五層油漆來防腐蝕，但還是幾乎都被腐蝕掉，幾乎全換過新的。其他地方腐蝕不嚴重，離麥寮越遠的地方，根本就沒有防蝕性油漆來防腐，但也好好的。

其實有點洩氣，我們已預想到麥寮環境惡劣，所以塗了五道防蝕性油漆來因應，但腐蝕速度比我們預期快，這是我們始料未及的。後來我們就全面汰換管線，也拆除使用頻率不高的管線，減少管線密度，來增加保養的便利度，最後總共花了一百四十億元左右。所以，六輕那時的工安問題跟中國今年（二〇一五）一連串的石化廠爆炸是不太一樣的。

Q：在那一年當中，幾次台塑集團與地方政府溝通，有給雲林縣政府十億元的回饋金？工安事件演變成政治事件，對您來說也是上任來的困難挑戰？

王文淵：很多事情我不方便講，我唯一可以說的是，我一生壓力最大就是從當總裁開始（苦笑）。如果有回頭路，我真的不幹了、不幹了。你想想看，其實我們已經有做到Precaution（預警），我們蓋廠時就已事先注意到腐蝕性的問題，花了兩年時間，找到防腐蝕的油漆，而且我們管線是鍍鋅後又上五道防蝕性油漆。結果，還是腐蝕了，多洩氣。

Q：董座以前跟政府溝通問題時，非常有手腕，有時候甚至很兇，但總座會私下幫他緩和跟政府的緊張關係，你們二代裡面好像沒有這樣分工？

王文淵：你說到一個重點，我現在講的這些話，不是在批評，我是單純分析給你聽。董座、總座兩兄弟是從小一起工作、一起長大，他們講話彼此都清楚，都習慣了，知道話中沒有惡意，彼此不會把話放在心上。不一定要是親戚，就算是好朋友，那種從小穿同一條開襠褲長大的好朋友，那個感情也是會非常好。

但是我們（二代）都不是，我們是各自在不同地方唸書長大（王文淵、王文潮在英國求學，王瑞華、王瑞瑜在美國求學），才回來台灣一起工作。我之前在美國、在外面企業，工作四年才回台灣的，是完全不同的狀況。所以，我們（二代）沒有度過草創艱困時期，就沒有那種互相依賴、互相鼓勵的情感，很難做到我父親他們那種百分之百信任、尊重跟授權。一代創業維艱、二代守成不易，我們大家都很盡心呀，你說副總裁也很盡心、文潮也很盡心，王瑞瑜也很盡心，但就是不像從小一起長大那樣關係緊密。

第二個就是時代不一樣。王永慶時代可以跟總統李登輝據理力爭，兩個吵到拍桌子，我算老幾呀？我哪敢拍桌子？不要說總統，連個部長，我都不敢拍桌子。這是時代不同，是很大的因素。他們是創業的第一代，創業第一代有他們的光環，媒體也會比較客氣，但我們沒有這光環。我常講一句：「二代做事業成功是應該的，失敗就是低路（閩南語，意即沒用）。」大家看我們就是這樣，所以不一樣。

Q：過去九年來，跟副總裁王瑞華有沒有過意見不同的爭議？在福懋投資台塑越鋼的時候，好像她不同意福懋入股越鋼？

王文淵：後來福懋有沒有（轉過去問洪福源）？

洪福源：就是外部股東持有五%部分，他們釋出四%多只留一點點，後來您（王文淵）就決定福懋進來。我記得那時候福懋沒有意見。

王文淵：我沒有聽說副總裁有意見。她可能自己私下有講說「福懋要投資幹嘛？」頂多講一句話而已，但她應該沒有反對（福懋入股越鋼）。她如果有意見，她會打電話給我。一般都會說，你考慮是怎麼樣？都會問一下，就跟當年董座還有總座處理方式一樣。

洪福源：這件事情我清楚，那時總裁說要這樣，我說好，就這樣決定了。

Q：副總裁現在好像下放自己的權限，只專注在一些改善案跟工安事件上。九人小組的工安會議，副總裁主持、總裁您就不出席，這是分工嗎？

王文淵：當時台塑化工安事件很多，我就告訴她，我們兩個都做同樣的事情，是不是應該要分工一下，就是工安事件你做多一點，大部分給你處理好不好？她說：「好，我來做。」這是我提議的，她做那方面比較多，我是現場管理比較多，所以六輕工程會議都是我去。以前總座管現場比較多，董座管制度，我們有點延續上一代的分工機制，就是我管現場比較多，現在SOP等工安制度建立是副總裁管比較多，但我們都知道彼此在做什麼。

Q：副總裁曾經說過「老臣跟二代交班模式是暫時的」，那您覺得所謂「暫時」的狀況會持續多久？展望下一個十年，可能多久會走向全面專業經理人治理？還是有可能不會？

王文淵：行政中心當初討論交棒給專業經理人時，我第一個就贊成，每一個委員都贊成；後來在運動會上（二〇一〇年台塑企業運動會）我第一個提出來。後來文潮在今年（二〇一五）接受媒體採訪時有提到：「全部給專業經理人管，也不一定比較好。」這個意見讓我思考很久很久。確實，專業經理人治理有它的長處跟短處，家族管理也有優點跟缺點。我們發現洛克斐勒家族是有彈性的，不完全是交棒給專業經理人，也不是完全由家族管理，就是維持「家族成員要管可以跳下去做，不想要接棒，就交由家族辦公室這個組織來管」這樣的彈性。

美國有很多家族企業，是交由專業經理人治理，他們有一個bonus（獎金）制度，就是公司賺錢賺多少，專業經理人就可以分多少。聽起來是好主意，但這有一個壞處，就變成專業經理人對於投資會過度謹慎，長期下來，公司就失去拼勁。像美國之前有一個最大鋼鐵工廠，後來日本進來後，就拼不過日本了。

專業經理人接棒的好處是他專業、內行；但短處就是會因為短期的業績好看，而趨避新事業投資的風險，變得保守。相反地，家族成員比較敢放手去衝；但他有一個缺點，就是往往不會很認真在事業上，因為本來就有錢了。各有利弊。

以洛克斐勒或是艾克森美孚的交棒模式來看，他們營運面雖然交給專業經理人，但家族會有一個投資公司，專門在看各公司績效，那各公司總經理或董事長做不好隨時都可以換人。（註：洛克斐勒家族有成立家族辦公室，各企業每天將需報告事項告知家族辦公室，每年七月各企業專業經理人向家族成員報告營運狀況。）

不過，洛克斐勒家族第三代的大衛．洛克斐勒，曾經是摩根大通銀行的董事長，你就知道他們其實有一個彈性在。家族成員要接棒也可以，不接棒就在家裡領股息就好。

所以我在想，應該要保有這樣一個彈性。原則上，盡量交給專業經理人，家族的人若有能力出來，不妨讓他試試看，反正家族會有一個投資公司在看著。最終，會有一個中心在分析各公司的專業經理人做得好不好。這個中心的角色，有點跟現在的總管理處一樣，只是我們總管理處目前只做了制度、績效等等幕僚工作，未來應該要對各公司營運面再深入了解，才能發揮類似「家族投資公司」的功能。

Q：現在第三代確定沒有人進入集團內工作，所以你們二代應該要決定交棒方式跟未來的方向？

王文淵：對！所以我們現在拼命地要讓專業經理人接班。未來十年，現在看得到的還是以專業經理人接班為主，不是這一批啦，這一批年紀都跟我差不多了，甚至還比我大。其實，現在以台塑化、台塑來看，已經是一〇〇%專業經理人接班。台化的話，大概有八成接班了，現在台化開會我都不去了，讓他們盡量去做。

四大公司董事長的核決權限是四千萬，單一個案四千萬以上簽到我這裡，我會再授權，盡量授權讓他們去做。我要逼自己再少做一點，早一點放手。因為你不放手，不可能有人出來，我授權多，他們多做一點，也可以逼底下的人再多承擔一些，這樣才是真正交棒。金額授權跟事務授權是接棒的重點，要先把核決權授權，才能進一步事務授權。

Q：那最高行政中心未來會拆分成五人小組跟家族委員會嗎？

王文淵：換我問你。如果這個最高行政中心委員全部都是專業經理人，你碰到一個大問題了，大家誰會服誰？輪流當（總裁），好嗎？我告訴你，從來沒有一個制度輪流當會好的。大家輪流當，決策就沒有一個延續性（continuation），你不能說我當一年以後，下一個人把整個制度都改了。

Q：問題是二十年後，你們下一代無法掌握整個龐大的集團？

王文淵：對，所以要建立制度，現在我兩個方案，第一個就是輪流當；另外一個就是學習洛克菲勒交棒制度，根本沒有最高行政中心，直接由投資公司（家族設立）管，然後跟家族報告，就像總管理處跟我們報告一樣的意思。洛克斐勒就是這樣，就是專業經理人接棒，然後每年七月，專業經理人就跟大股東報告，不要講家族，講大股東比較適當。可能根本就不必有行政中心的存在，因為比較有問題的案子就交給投資公司來請示大股東，這也是一個方法啊。這樣才不用每年還要換行政中心委員的總裁，這樣政策會不延續。像台塑企業那麼大的企業，你不能說一年換一個政策，一年換一個總裁，這樣天下大亂，決策一定要有延續性。

我舉一個最簡單的例子，最明顯就是講DRAM。那時候台化說不玩了，台塑也說不玩啦，南亞說我沒有救南亞科不行，那你要不要顧及這個台塑企業的扛棒（閩南語，意即招牌）呢？我那時候是強制四大公司一定要注資救DRAM。（那以後交給四大公司主導，可能就會有人有本位主義？）對。所以還是要有一種很明顯的領導在，要有人來領導，做最後拍板。

Q：台塑企業交棒布局，可分為經營權跟所有權兩部分，經營權是一個mix，就是「二代跟專業經理人共同接掌」；股權方面就是信託控股。除了海外五大信託外，長庚醫院持有四寶股票市值約兩千億元，還有三所大學跟兩個創辦人家族在台灣的四個慈善或信託基金會，國內這七個單位持有四寶股票市值約一千兩百億元？兩創辦人信託市值數千億元的股票，目的就是希望永不分家？

王文淵：不只（一千兩百億元）這個數字。沒有錯，信託就是希望股權不要分，所以現在管這些信託就是兩大創辦家族各兩個人，董座家族就王瑞華、王瑞瑜，我們家就是我跟王文潮。（創辦人交棒就是不管事權或是管理信託的委任權，都由你們四位二代來管理？）對。

Q：會計師認為兩位創辦人將龐大股權信託，雖然股權不散，但有一個潛在風險，就是到第三代，由外部人士掌管的機會愈大？

王文淵：你說的完全正確。所有的財團法人，有一天都會脫離家族（掌管），都會，早晚都會，就是社會的，早晚是要離開家族的。本來用意也就是社會的，所以，將來沒有一個財團法人可以（被家族）長期控制，只有短期控制而已。最有名的就是馬偕醫院的例子，馬偕原來也是教會的，現在都獨立了，教會控制不了了。台灣的法律，規定家族出資成立的財團法人基金會，家族成員在董事會人數不能超過三分之一，美國則沒有這樣的規定。我覺得台灣法律都是立法從嚴、司法從寬。

家族成員在董事會設三分之一限制，不一定好。你想想看，家族對醫院還會有什麼企圖？既然都捐錢成立財團法人醫院了，還會有什麼其他企圖？若說是要做壞事，那誰都會做，不是只有家族成員才會做。一個財團法人，如果沒有家族，就是一個獨立的單位，就像是一個小政府，會為了進入董事會，選上董事長而有派系問題，很多事情都會發生，而且醫生不是管理方面的專才，相較起來交由社會賢達管理可能好些。其實，台灣法律只規定家族成員在董事會人數不能超過三分之一，醫生跟社會賢達則沒有規定不可以超過三分之一，這樣不太好。如果是每一個都規定限制三分之一為上限的話，可能會好一些。

Q：以後誰能掌握長庚，誰就有實力影響四寶董事長的位置？當初創辦人在設立這些信託的時候，有想到最後這些信託都會脱離家族掌管嗎？

王文淵：也還不能，因為信託（海外）的持股比例太大了，還有就是家族成員也持有不少股票。我猜，他們捐的時候，應該是沒有想到這點。〔會不會好像有點捐太多？〕其實，當初捐台化股票成立長庚醫院，是總座捐比較多，總座捐得比董事長多。這點，可能連長庚都不知道。

Q：那你們如何因應你們出資捐贈的財團法人機構，慢慢不受你們控制的風險，被外部人士所掌控？

王文淵：這不是風險，這是必然的事實。我看得很清，包括醫院、學校都一樣，總有天都會脱離家族（掌管），這一代還不會，但下一代慢慢就會。〔會有一些防範的方法，或者這就是自然也無法防範？〕我認為是自然，別人想怎麼樣我不知道。我是覺得，像長庚醫院應該要在某些領域再提升它的醫療技術，醫院盈虧我倒覺得不重要，因為光是每年配股息就夠了。

Q：以長庚董監事改選有許多紛擾，其中，董事會中專業醫師的意見主導了改選結果，會不會發現長庚醫院的自主性越來越高？

王文淵：這個不能說是完全自主性，我點到這裡為止。這個是有些人沒有遵守誠信。這就是有一個誠信問題，沒有做到而已。（這件事情是不是有影響到兩方默契？）有誠信，才是長期合作，我現在不講這個啦。

Q：出任台塑集團總裁邁入第十年，您覺得接棒前跟接棒後的台塑集團，哪裡不一樣？

王文淵：就看到台灣越來越亂（笑）。我個人覺得沒有什麼改變。（接棒九年的業績還是持續在成長的？）這個對，不能下來。我覺得我們面臨的問題，同時也是台灣最大的問題，就是經營環境越來越差，現在是微利時代，利潤都很薄。業界都一直往外跑，我們可能有一天（營收）也會面臨慢慢萎縮。

台塑企業在二〇一二年到二〇一四年這三年間，總計投資一千一百億元，其中七五%在台灣投資、二五%在海外。到了二〇一五年至二〇一七年這三年，總投資金額約六千三百億元，其中八〇%在海外，只有兩成在台灣，根本已經顛倒了。整個投資重點都在海外，但在外面其實很可憐，一個國家趕到另外一個國家。實際上我們是想要在台灣投資的，但台灣環保制度，什麼投資都過不了。什麼都不要，請問台灣要靠什麼活？台灣兩千三百萬人口，有三分之二是高山，又沒有天然資源，你靠什麼拼經濟？

很多人會說政府要領導產業，請問政府要怎麼領導？政府應該要誘導，就是投資環境搞好。以前台北要做什麼營運中心，結果最重要兩件事情你沒有開放，錢的自由跟人身自由出入的自由，連最基本兩個條件都沒有，你要怎麼做？你看上海，人家要做，很快制度就出來，過了幾天，台商也適用，再隔幾天，大陸在那個範圍以內的廠也適用。我們搞了老半天，什麼也沒有。

Q：最近雲林縣政府也禁止你們燃煤發電，你們要怎麼面對？

王文淵：如果真的覺得燃煤發電汙染，那我們停了好嗎？但是你停，不能只停台塑喔，要台灣發電廠通通不能燃煤發電。問題來了，現在反核，核能供給兩成電力沒了；如果燃煤電廠也停，又少了四成電力，那總共有六成電力都沒了，請問台灣怎麼辦？現在總統大選看起來，民進黨以後應該會執政，要執政的人，不能天天反對東反對西，要回歸法律。

歐巴馬最近講過一句話，當時有人跟他討論移民法的事情，他說：「我可以以總統權力來改變，但這不是正常手續，我們應該要回歸法律，努力變更法律，這才是我們美國人的自由精神所在。」這個很有道理，但台灣不是，台灣就是要民粹。你將來要執政，台灣沒有電，怎麼辦？沒有人想要污染，但是美國、英國、德國、日本跟韓國這些經濟大國都還在燃煤發電，而且供電比占四〇%上下；中國跟澳洲的燃煤發電超過七成。請問，台灣有什麼條件、有什麼天然資源，可以不要燃煤發電？

Q：若以天然氣發電能取代燃煤發電嗎？

王文淵：天然氣發電成本不僅貴，而且儲存很危險。天然氣是要零下一百多度的倉儲設備去儲存，如果以天然氣發電，每度電發電成本就要四塊多，賣可能每度電要五元以上。你願意每度電價格提高兩、三倍來買嗎？不願意，那要怎麼辦？所以，台灣應該要回歸到法律，所有事情應該要回歸法律。

話說回來，你不要燃煤發電，那請問替代方案是什麼？沒有說，只有反對反對反對。（敲桌子）你不要核能、你不要燃煤，你不要，沒關係，那你要講出一套嘛，電要從哪裡來？學者不講，環保團體也不講，報紙媒體每天都在民粹。如果要執政的人，沒有解決電的問題，我告訴你，沒有電，是會天下大亂的。我覺得現在最重要的是，到底我們競爭力在哪裡？這是台灣的問題，也是企業界的問題，因為這跟企業息息相關呀！

Q：外界看您就是掌控營收數兆集團的台塑繼承者，您剛也提到，如果再來一次，不會接總裁。所以扛起台塑企業的招牌，壓力很沉重？

王文淵：對。非常沉重。（您會確保台塑永不分家嗎？）在我所可以管的範圍，我會。分家，不一定壞，但是我們企業現在互相依賴太重，分家是不利的，已經沒有空間去分家了。你看看，現在是他的上游我的下游，我的上游又是他的下游，分不開了。

Q：分家指的也是兩大創辦家族的持股，這部分應該也不可能分家了吧？雖然王文洋一直要衝破海外五大信託？

王文淵：信託部分已經不可能分了。（海內外的信託應該都不可能分家了吧？）對！他一直告（苦笑）。

Q：以你身為最年長的王家二代成員，怎麼看家族有這樣的紛爭？已經告了六年多。

王文淵：唉（嘆一口氣）。遺憾，兩個字。沒有什麼看法，因為你也不能阻止他，他做了就做了，你有什麼批評也沒有用。

Q：您覺得還需要多久，您才可以安心地把棒子交出去？而且該怎麼交？

王文淵：你問他（指洪福源）。

洪福源：我們這個企業很多東西都關聯在一起，不只是持股，持股是另外一回事；就是平常各公司的生產運作，一定要有人說了算。現在就是還找不到那個人。（發號司令的人？）對，就是要有人說了算。萬一要有事情，這個人說了算。現在還找不到這個人。一個集團要有凝聚力，一定要有這個領袖，這點很重要。

王文淵：就是要找到能做最後決定，拍板定案的人。

Q：下一個接棒人選六年內都不會確定？

王文淵：這個我們不敢講，搞不好會有一個天才出來也說不定。

附錄

- 海外五大信託表
- 七小長庚資料表
- 王文洋全球遺產訴訟表
- 王永慶二十年接班大事紀 vs 王文洋訴訟事件簿
- 台塑四寶前十大股東持股比

海外五大信託表

名稱	成立時間	成立地點	受託資產概況	2008 年受託資產市值	2013 年受託資產市值
Grand View	2001	百慕達	台塑 6.7% 南亞 3.2% 台化 5.7% 台塑化 2.15%[1]	17.8 億美元	41.05 億美元（其中 37.84 億美元為股票市值）
Transglobe	2002/6/13	百慕達	中國資產（華陽電廠、廈門長庚醫院、洛陽飯店等）[2]	13 億餘美元	61.08 億美元
Universal Link	2005/5/9	百慕達	1. 萬順國際投資名下台塑三寶持股 2. Cen 投資公司名下持股	9.49 億美元	20.96 億美元
Vantur	2005/5/9	百慕達	1. 秦氏投資名下三寶持股（台塑 4.16%；南亞 1.89%；台化 6.35%） 2. Gen 投資公司持股	12.06 億美元	27.29 億美元
New Mighty	2005	美國	1. 台塑美國公司股權 2. 美國 Inteplast 公司股權[3]	20 億美元	20 億美元

資料來源：王文洋 2009 年美國訴訟狀以及 2013 年香港訴訟資料。

1 該信託資產為台塑四寶股權。

2 該信託資產除了有華陽電廠（未上市）股權外，還有電廠設備及飯店等不動產。

3 該信託資產有台塑美國以及 Inteplast 公司股權，兩公司皆未上市。

七小長庚資料表

單位	成立時間	所託管資產	備註
明志科技大學（明志工專改制）	1964/7	230.16 億元（持有市值 2013/7/31） 台塑 - 70096 張 南亞 - 63766 張 台化 - 37553 張	1. 2004-2007 年間接受外界捐助特種基金 52 億元（2012 年秦氏投資捐款 6 億元） 2. 2012 年市值為 216.14 億元
長庚大學（長庚醫學院改制）	1986/11	333.7 億元（持有市值 2013/7/31）	秦氏投資於 2012 年捐贈 7 億元
長庚科技大學（長庚護專改制）		150.17 億元（持有市值 2013/7/31）	2004-2007 年接受特種基金 68.55 億元
王詹樣社會福利慈善基金會	1995/8	託管資產 180 億元	王永慶與王永在依據母親王詹樣的口述遺囑所成立的慈善基金會
財團法人勤勞社會福利慈善基金	1995/12/2	託管資產 57 億元	
公益信託王長庚社會福利基金會	2002/10/25	2014 年底託管淨資產 130.79 億元 台塑 -24225 張 南亞 -575475 張 台化 -64205 張 台塑化 -41882 張	1. 王永慶家族所有 2. 2014 年收支淨額 3.07 億元 3. 2008 年淨資產為 70.05 億元
公益信託王詹樣社會福利基金會	2006/3	2014 年底託管淨資產 114.25 億元 台塑 -25043 張 南亞 -61579 張 台化 -60118 張 台塑化 -16357 張	1. 王永在家族所有 2. 2014 年收支淨額為 2.24 億元 3. 2008 年股票淨額為 55 億元
總計	約 1195 億元		

資料來源：私立大學財報網、長庚醫院財報等。

王文洋全球遺產訴訟表

訴訟人	訴訟時間	訴訟地點	主張	官司最新進度
王文洋	2009 年 5 月中	美國紐澤西州	以王月蘭為王永慶合法配偶身分遞件，要求指定王文洋為王永慶遺產管理人，同時調查王永慶全球資產狀況。	2011.12.8 紐澤西州最高法院以王永慶非美國籍，故法院無管轄權為由，駁回王文洋聲請。
王文洋	2010 年底	美國	代王月蘭提起訴訟，控告三房李寶珠、王瑞華等三人侵害王月蘭的夫妻財產請求權。	王月蘭逝世，案子結束。
王文洋	2011/12	香港	王文洋向香港高等法院提出民事訴訟，控告華陽投資（香港）和永誠國際董事王瑞華等 13 人，非法挪用王永慶海外遺產部分資產，影響繼承人權益。	13 名被告沒有收到任何訴訟狀，訴訟期限因超過一年已失效。
王文洋	2012/8/9	台灣	王文洋向台北地檢署控告台塑集團前主管洪文雄、饒見方、南亞塑膠前會計經理蔡茂林及其他相關人等涉背信、侵占及內線交易。	檢調調查中。
王文洋	2012/12/5	香港	王文洋向香港高等法院申請，指定他為王永慶遺產管理人，調查王永慶在香港是否有遺產。	香港高等法院 2013 年 5 月 2 日核准王文洋申請，並於 6 月 10 日發函收回香港兩公司，但其餘繼承人仍可上訴。仍在進行中。
王文洋	2013/4/8	百慕達	王文洋向最高法院民事訴訟，控告百慕達四大信託以及洪文雄違法移轉王永慶名下資產，主張信託無效，資產應歸還王永慶遺產繼承人。	首次在百慕達提告，仍在進行中。

資料來源：採訪整理。

王永慶二十年接班大事紀 vs 王文洋訴訟事件簿

時間	事件
1995/8/21	在台大任教的王文洋與指導學生呂安妮傳出緋聞，當時的台大校長陳維昭為此拜會王永慶。
1995/9/23	呂安妮報考台大商學研究所博士班落榜，抗議口試不公；進而導致王文洋與呂安妮戀情曝光。
1995/11/7	王永慶下令免除王文洋南亞職務，吳欽仁不忍，私自決定停職一年、上呈王永在，王永在簽准並囑咐「公文簽到我就好」，南亞公布處分令。
1996/10/30	王永慶為六輕隔離水道一事舉行記者會，針對媒體追問是否會讓王文洋回台塑，王永慶以「台塑沒缺人」、「他沒有悔改」及「我是無情無義的人」等話拒絕。同年，王文洋創立宏仁集團。
1997/11/7	台塑集團發布史上最大升遷令，王金樹升任台塑副董事長，李志村、吳欽仁升任總經理，王文潮也升任台塑化協理。接班團隊首度浮出檯面，而這一天，剛好是王文洋停職兩週年。
1998	南亞董監改選，王文洋南亞董事職務遭解除。六輕工程陸續完工，王永在家族在集團內勢力崛起。
1999-2000	王瑞華多次表達請辭台塑美國副總的意願，希望能返台協助父親王永慶處理慈善事業。
2000/10/19	即將退休的台塑集團總管理處協理簡澤民，入侵王文洋二樓辦公室偷竊抽屜內的骨董錶，遭警方逮捕。王文洋質疑簡受人指使，引爆陰謀論。王永慶下令拆除王文洋辦公室。
2001	王永慶於百慕達成立 Grand View Trust，託管資產規模約 17 億美元。
2001/7/26	董座王永慶首度主動對外宣布，由於集團規模日益龐大，因此考慮設置最高行政中心，以「集體決策」模式來接棒。
2001/9/26	王永慶三房長女王瑞華與夫婿楊定一自美返台定居。

時間	事件
2002	王永慶於百慕達成立 Transglobe Trust，託管資產約 13 億美元。
2002/4/1	台塑集團五人決策小組成立，王永慶兄弟欽點王文淵、王文潮、李志村、楊兆麟及吳欽仁等五人為成員，為世代輪替鋪路。
2002/5	王文洋由大姊王貴雲帶回家，與父親王永慶恢復往來，週週相會。三房長女王瑞華居中促成。
2003/5/6	總管理處設海外事業部，由王瑞華接掌。王永慶主持五人小組會議，宣佈王瑞華將擠身為小組成員，「六人小組決策委員」成型。
2003	王文洋因「某人不高興」，中斷與父親王永慶每週的父子相會。
2005/5/5	王永慶美國 New Mighty US Trust 成立。
2005/5/9	王永慶於百慕達成立 Vantura Trust，託管資金約 9 億美元 。
2005/5/9	王永慶於百慕達成立 Universal Link Trust 託管約 12 億美元（註：美國成立的信託基金 New Mighty Trust 於 2001-2005 年間成立 ） 。
2005/8/2	王文洋取得王永慶大房王月蘭委任狀，代表她支配所有資產，包括未來王月蘭可繼承的遺產。
2005/12/19	台塑公司總經理李志村宣布，台塑集團於美國四家公司以股權交換方式「四合一」。
2006/2/17	台塑集團副董事長王永在，於春酒首度向媒體透露「台塑集團今年將交棒」。
2006/6/5	台塑股東會董監改選，台塑集團世代輪替。王永慶交棒給最高行政中心七人小組，開啟王家二代與老臣分權共治的新時代，王文淵、王瑞華出任集團總裁、副總裁。

時間	事件
2007/8	王文洋因是宏中興業保證人，宏中興業跳票，數家債權銀行向王文洋求償，王文洋背負 10 餘億元債務，引發宏仁集團財務危機的傳聞。
2008/6/6	王月蘭為聘僱外傭，經長庚醫院確診為失智症，完全無法自理日常生活。
2008/10/15	台塑集團創辦人王永慶於台灣時間 15 日晚間 9 點於美國紐澤西家中驟逝，名下三寶股權以當日股價估算市值高達 463 億元。
2008/10/16	王文洋派保全進駐，每週來看王月蘭。
2008/11/17	媒體報導台塑集團高層證實王文洋寄存證信函要求三房公布父親王永慶名下所有財產，但遭到集團否認。
2008/11/25	王文洋首度出面說明「存證信函不是我寄的，是王月蘭寄的」。
2008/11/28	台塑集團創辦人王永在得知「有人要分家產」時，相當憤怒地強調：「我還在！是要分什麼？這是我跟阿兄打下來的江山，是要分什麼！」
2008/11 月底	王永在被推舉為財團法人長庚紀念醫院董事會董事長。
2009/1/17	王永慶繼承人會議（包括國內外遺產範圍確認）。 財團法人長庚紀念醫院董事會召開，董事王瑞瑜讓出董事席次由王貴雲接任，二房勢力首度進入長庚體系。
2009/5/13	王文洋向美國紐澤西州法院提出訴訟，請求法院指定他為「遺產管理人」，同時賦予他司法調查權，調查王永慶遺產。
2009/6/15	王永慶遺產申報書鬧雙胞，其中王文洋獨立向國稅局送的申報書中主張，王永慶的配偶僅王月蘭一人，二房楊嬌（王文洋母）與三房李寶珠無繼承權；而其餘繼承人則主張王永慶有三位配偶，三位都有繼承權（財產申報截止日原為 2009 年 3 月 15 日，可延長三個月一次，故為 2009 年 6 月 15 日）。

時間	事件
2009/8/13	聽證會於台灣時間晚間 10 點召開。繼王文洋遞狀聲請指定他為遺產管理人後，王文洋的胞弟王文祥也向該法院遞狀，聲請法院指定他為遺產管理人。
2009/9/8	王永慶三房李寶珠向台北地方法院提出「請求確認對王永慶遺產繼承權存在」聲請，並將王文洋列為被告。
2009 年 12 月中旬	王文洋與三房李寶珠在雙方律師見證下簽下和解書，王文洋認同李寶珠的遺產繼承權，李寶珠撤銷對王文洋告訴。
2010/3-2010/10	國稅局審查王永慶遺產申報書，王永慶遺總遺產約 600 億元，其中王月蘭可繼承遺產約有 300 億元，再將其中 150 億元以「贈與」方式均分給二房楊嬌與三房李寶珠等三、四十名親友。
2010 年底	王文洋於美國代王月蘭提起訴訟，控告三房李寶珠、王瑞華等三人侵害王月蘭的夫妻財產請求權。
2010/11/11	王永慶遺產全數分割完畢過戶完成，繼承人取得王永慶遺產。
2010/12/23	王月蘭贈與稅繳清證明中顯示，王月蘭於 2010 年 2 月 5 日贈與王泉仁、王思涵、呂安妮及王泉力等四人三寶股票，總計贈與台塑 3.8 萬張、南亞 10.72 萬張及台化 8.9 萬張，市值約 230 億元，因此贈與稅額達 14.74 億元。該年度，王月蘭總計繳交贈與稅額約為 27.8 億元。
2011/3/3	楊嬌辭世。
2011/12/8	美國紐澤西最高法院以沒有管轄權為由，駁回王文洋聲請。
2011/12/19	王文洋向香港高等法院提出民事訴訟，控告華陽投資（香港）和永誠國際董事王瑞華等十三人，非法挪用王永慶海外遺產部分資產，影響繼承人權益。

時間	事件
2012/7/1	王月蘭辭世。
2012/8/9	王文洋向台北地檢署控告台塑集團前主管洪文雄、饒見方、南亞塑膠前會計經理蔡茂林及其他相關人等涉背信、侵占及內線交易。
2012/12/5	王文洋向香港高等法院申請指定他為王永慶遺產管理人，調查王永慶在香港是否有遺產。
2013/4/8	王文洋向百慕達最高法院民事訴訟，控告百慕達四大信託及洪文雄違法移轉王永慶名下資產，主張信託無效，資產應歸還王永慶遺產繼承人。
2014/11/27	台塑集團創辦人暨財團法人長庚醫院董事長王永在辭世。
2014/12/30	財團法人長庚紀念醫院董事會推舉李寶珠為新任董事長，兩創辦家族協議，王永慶三房三女王瑞慧應退出長庚董事會，改由王永在二房長子王文堯遞補。
2015/2	王瑞慧拒退長庚董事，兩大家族協議瀕臨破局。
2015/3	王文洋傳出與王永在二房周由美合作，不僅承認四大信託為父親王永慶與叔父王永在所共同成立，更在百慕達法院提示一份王永在親筆「手諭」，意指叔父也認為海外信託基金應由繼承人繼承。
2015/5	李寶珠閃辭長庚董座，獲過半數董事聯署慰留。三房家族失信，引發王文淵延後交棒布局。
2015/6/15	台塑四寶股東會由台塑化率先登場，台塑集團總裁王文淵意外缺席。
2015/6/16	接掌台化董事長九年，王文淵首度缺席台化股東會，外傳「王文淵交棒生變」，但遭集團高層否認。

時間	事件
2015/6/29	台化董事會召開，洪福源推薦王文淵續任台化董座跌破外界眼鏡。最高行政中心成員與李寶珠家族事先毫不知情。
2015/7/1	王瑞瑜升任總管理處總經理。同日接獲檢舉集團 25 名員工、主管集體收賄，王瑞瑜親自主導揭弊。
2015/7/24	王瑞瑜發動「724 肅貪行動」，約談 25 名涉嫌收賄員工、主管，遍及台塑三寶及總管理處等四大單位，層級最高到台塑總經理林振榮，總計 24 人遭免職；林振榮以「個人因素」請辭 。
2015/7/27	《蘋果日報》獨家報導台塑集團集體收賄案，震驚全台。台塑集團將全案移送法辦，檢調單位介入調查。

資料來源：採訪整理。

台塑四寶前十大股東持股比（2015/4/27）

大股東	台塑公司	南亞公司	台化公司	台塑化公司
第一大股東	長庚*（9.44%）	長庚*（11.05%）	長庚*（18.58%）	台塑（28.79%）
第二大股東	台化（7.65%）	台塑（9.88%）	王永在（7.37%）	台化（24.38%）
第三大股東	匯豐銀行託管投資戶（6.26%）	王永在（5.41%）	賴比瑞亞商秦氏國際投資公司（6.35%）	南亞（23.34%）
第四大股東	南亞（4.63%）	台化（5.21%）	賴比瑞亞商萬順國際投資公司（3.8%）	長庚*（5.65%）
第五大股東	王永在（4.43%）	長庚大學（4%）	台塑（3.39%）	福懋（3.83%）
第六大股東	賴比瑞亞商秦氏國際投資公司（4.16%）	賴比瑞亞商萬順國際投資公司（2.39%）	南亞（2.4%）	中華郵政+（0.64%）
第七大股東	賴比瑞亞商萬順國際投資公司（3.05%）	台塑化（2.26%）	聯合電力發展公司（1.63%）	渣打託管創世資本集團公司專戶（0.6%）

大股東	台塑公司	南亞公司	台化公司	台塑化公司
第八大股東	台塑化（2.07%）	賴比瑞亞商秦氏國際投資公司（1.86%）	渣打託管梵加德新興市場股票指數基金專戶+（1.38%）	匯豐銀行託管包爾能源公司專戶（0.51%）
第九大股東	南山人壽保險+（1.83%）	渣打託管梵加德新興市場股票指數基金專戶+（1.29%）	渣打託管創世資本集團公司專戶（1.37%）	渣打託管中央資本管理公司專戶（0.49%）
第十大股東	明志科技大學（1.43%）	花旗銀行託管遠大系統公司+（1.23%）	匯豐銀行託管肯德電力發展（1.23%）	匯豐銀行託管亞太光電公司專戶（0.48%）
前十大股東中台塑集團所能掌管總股數	41.7%	42.06%	46.13%	87.93%
王文洋資料顯示台塑集團（包括王家海外信託）所能掌控總股權	45%	48.7%	53.3%	97.41%

資料來源：103 年度台塑四寶財報前十大股東表。

1 * 指財團法人長庚紀念醫院。

2 +代表與台塑集團無關聯的股東。

3 王文洋資料為 2013 年 4 月所提供百慕達訴訟新聞稿附件資料。

繼承者們——台塑接班十年祕辛／姚惠珍著　-- 初版 . --　台北市：時報文化, 2015. 12；　面；　公分
（PEOPLE 叢書；396）
ISBN 978-957-13-6468-1（平裝）
1. 臺塑關係企業　2. 企業經營
467.4　104024826

內頁照片｜姚惠珍提供

PED0396

繼承者們——台塑接班十年祕辛

作者　姚惠珍｜**主編**　陳盈華｜**美術設計**　陳文德｜**執行企劃**　林貞嫻｜**董事長・總經理**　趙政岷｜**總編輯**　余宜芳｜**出版者**　時報文化出版企業股份有限公司　10803 台北市和平西路三段 240 號 3 樓　**發行專線**—(02)2306-6842　**讀者服務專線**—0800-231-705・(02)2304-7103　**讀者服務傳真**—(02)2304-6858　**郵撥**—19344724 時報文化出版公司　**信箱**—台北郵政 79-99 信箱　**時報悅讀網**—http://www.readingtimes.com.tw｜**法律顧問**　理律法律事務所　陳長文律師、李念祖律師｜**印刷**　勁達印刷有限公司｜**初版一刷**　2015 年 12 月 4 日｜**定價**　新台幣 350 元｜行政院新聞局局版北市業字第 80 號｜